EXERCICES
D'ARITHMÉTIQUE

OU ÉNONCÉS ET SOLUTIONS DÉVELOPPÉES DES QUESTIONS PROPOSÉES

DANS LES

EXAMENS DU BREVET DE CAPACITÉ

ET CONTENUES DANS LE

NOUVEAU RECUEIL DE COMPOSITIONS ÉCRITES

A L'USAGE

DES ASPIRANTES AU BREVET DE CAPACITÉ

ET DE

TOUTES LES JEUNES PERSONNES QUI ONT A SUBIR UN EXAMEN

POUR LEQUEL

UNE QUESTION D'ARITHMÉTIQUE EST EXIGÉE

PAR

M. L. HENRI

*Auteur du Nouveau Recueil de compositions écrites,
à l'usage des Aspirantes, etc.*

PARIS

NOUVELLE LIBRAIRIE

SCIENTIFIQUE ET LITTÉRAIRE

14, rue de la Sorbonne

*Désirant lui être agréable et utile à nos lectrices, nous avons développé
différents sujets de style à la fin de cet ouvrage.*

EXERCICES D'ARITHMÉTIQUE

NOUVEAUX OUVRAGES DE M. PH. ANDRÉ

Petit Cours d'Algèbre, 1 vol. in-12, cartonné. . . . . . . 1 fr.

Exercices d'algèbre (exercices et problèmes), ou énoncés et solutions développées des questions proposées dans le *Petit Cours d'Algèbre*, 1 vol. in-12, broché (*sous presse*).

Nouvelles Tables de Logarithmes à sept décimales, pour les nombres de 1 à 10000.

La disposition de ces tables est extrêmement simple ; en outre, les parties proportionnelles des différences y sont calculées : l'usage en est donc on ne peut plus commode (Voir un spécimen de ces tables dans le *Petit Cours d'Algèbre*, page 106).

Édition stéréotype, 1 vol. in-12, cartonné (*sous presse*).

AUTRES OUVRAGES DE M. PH. ANDRÉ

EXERCICES

D'ARITHMÉTIQUE

OU ÉNONCÉS ET SOLUTIONS DÉVELOPPÉES DES QUESTIONS PROPOSÉES

DANS LES

EXAMENS DU BREVET DE CAPACITÉ

ET CONTENUES DANS LE

NOUVEAU RECUEIL DE COMPOSITIONS ÉCRITES *

A L'USAGE

DES ASPIRANTES AU BREVET DE CAPACITÉ

ET DE

TOUTES LES JEUNES PERSONNES QUI ONT A SUBIR UN EXAMEN

POUR LEQUEL

UNE QUESTION D'ARITHMÉTIQUE EST EXIGÉE

PAR

M. L. HENRI

Auteur du *Nouveau Recueil de compositions écrites,*
à l'usage des Aspirantes, etc.

PARIS

NOUVELLE LIBRAIRIE

SCIENTIFIQUE ET LITTÉRAIRE

14, rue de la Sorbonne.

(*) *Dans le but d'être agréable et utile à nos lectrices, nous avons développé différents sujets de style à la fin de cet ouvrage.*

AVIS

Dans le but de guider les jeunes personnes qui se préparent au brevet de capacité et de les conduire plus sûrement au succès, nous avons, en général, développé chaque question d'arithmétique avec toute l'étendue qu'elle comporte.

Pour la partie théorique, nous engageons nos lectrices à consulter les ouvrages de M. Ph. ANDRÉ. Nous renvoyons, par des N^{os} entre parenthèses, à son *Nouveau Cours d'Arithmétique*.

Les questions relatives à la théorie sont également traitées dans les *Éléments d'Arithmétique* du même auteur.

EXERCICES D'ARITHMÉTIQUE

1. *On achète 208 hect. de graine de colza au prix de 24^{fr},70 l'hectolitre, et l'on en retire 42^{hl},7^l d'huile ; on en retire aussi des tourteaux estimés 82^{fr}. On demande à quel prix on doit revendre le litre d'huile pour obtenir 1000^{fr} de bénéfice. Les frais de fabrication sont de 0^{fr},20 par décalitre de graine.*

RÉP. 1^{fr},55.

208^{hl} de graine de colza équivalent à 2080^{Dl}. Ces 208^{hl} de colza coûtent

1° d'achat, à raison de 24^{fr},70 l'hectolitre,
24^{fr},70 $\times$ 208 = ... 5167^{fr},60

2° de fabrication, à raison de 0^{fr},20 par décalitre, 0^{fr},20 $\times$ 2080 = ... 416^{fr} »

Ensemble............... 5553^{fr},60
On veut gagner sur le tout 1000^{fr}, ci..... 1000^{fr} »

Il faudra donc revendre l'huile et les tourteaux 6553^{fr},60
Les tourteaux sont estimés à 82^{fr}, ci..... 82^{fr} »

Il s'ensuit que les 42^{hl},7^{lit} ou 4207^{lit} d'huile, produits par les 208^{hl} de graine, seront cédés moyennant la différence................... 6471^{fr},60

Le prix de vente de 4207^{lit} d'huile est de 6471^{fr}.60

Celui de 1^{lit} sera de $\dfrac{6471^{fr},60}{4207} = 1^{fr},538$ ou $= 1^{fr},55$ environ.

2. *Un père de famille consacre $\dfrac{1}{5}$ de son revenu annuel à son logement, les $\dfrac{3}{8}$ du reste à la nourriture de sa fa-*

mille, les $\frac{2}{3}$ de ce qui lui reste à l'instruction de ses en-
fants, et enfin le $\frac{1}{4}$ du surplus aux dépenses imprévues.
Les économies au bout de l'année sont de 975^{fr}. Trouvez
son revenu et formez le budget de ses dépenses.

RÉP. 13 000^{fr}.

1º Portion du revenu consacré au logement, $\frac{1}{5}$; à la
nourriture, les $\frac{3}{8}$ des $\frac{4}{5}$ restants, c'est-à-dire $\frac{4}{5} \times \frac{3}{8} = \frac{12}{40} =$
$\frac{3}{10}$;

Il reste $1 - \left(\frac{1}{5} + \frac{3}{10} \right) = 1 - \frac{5}{10} = \frac{5}{10}$ dont les $\frac{2}{5}$ représentant les $\frac{5}{10} \times \frac{2}{5} = \frac{2}{10}$ du revenu sont consacrés aux vêtements.

Les $\frac{2}{3}$ de ce qui reste, c'est-à-dire $\left(1 - \frac{1}{5} + \frac{3}{10} + \frac{2}{10} \right) \frac{2}{3} =$
$\frac{3}{10} \times \frac{2}{3} = \frac{2}{10}$ du revenu sont réservés à l'instruction des enfants. Il reste encore $\frac{1}{10}$ de ce revenu employé comme suit :

$\frac{1}{4}$ pour dépenses imprévues ;

Et $\frac{3}{4}$ composant les économies du ménage. Ces économies,
qui sont des $\frac{3}{4}$ du $\frac{1}{10}$ ou des $\frac{3}{40}$ du revenu, sont de 975^{fr}

Les $\frac{3}{40}$ du revenu valent... 975^{fr}.

$\frac{1}{40}$ — vaut... $\frac{975}{3}$

Et les $\frac{40}{40}$ ou le revenu lui-même, $\dfrac{975 \times 40}{3} = 13\,000^{\text{fr}}$.

2º Le revenu annuel de cette famille est ainsi réparti :

1° Pour le logement.... $\frac{1}{5}$ ou $13\,000 \times \frac{1}{5} =$ 2600fr.

2° Pour la nourriture... $\frac{3}{10}$ ou $13\,000 \times \frac{3}{10} =$ 3900fr.

3° Les vêtements........ $\frac{2}{10}$ ou $13\,000 \times \frac{2}{10} =$ 2600fr.

4° L'instruct. des enfants $\frac{2}{10}$ ou $13\,000 \times \frac{2}{10} =$ 2600fr.

5° Dép. imprév. $\frac{1}{10} \times \frac{1}{4} = \frac{1}{40}$ ou $13\,000 \times \frac{1}{40} =$ 325fr.

6° Économies.......... $\frac{3}{40}$ ou.............. 975fr.

Total égal à............ 13000fr.

montant de son revenu annuel.

3. *Multiplier l'un par l'autre, les deux nombres 126,47 et 83,524. Expliquer sur cet exemple, la théorie de la multiplication des nombres décimaux.*

Voir *Arithm.* (n° 182).

4. *Distribuer 900fr. entre 3 personnes, de manière que la part de la seconde soit les $\frac{2}{5}$ de celle de la première, et celle de la troisième les $\frac{4}{5}$ de celle de la seconde.*

RÉP. 375fr.,581; 230fr.,232; 184fr.,186.

Si la première personne recevait 1fr., la seconde recevrait $\frac{2}{5}$ de franc, et la troisième, les $\frac{4}{5}$ de $\frac{2}{5}$ ou $\frac{2}{5} \times \frac{4}{5} = \frac{8}{25}$ de franc.

Il reste à partager 990fr. proportionnellement aux nombres 1, $\frac{2}{5}$ et $\frac{8}{25}$ ou à $\frac{25}{25}$, $\frac{10}{25}$ et $\frac{8}{25}$ ou encore à 25, 10 et 8; $25 + 10 + 8 = 43$.

$$\text{Part de la première personne} \quad \frac{990\times25}{43}=375^{\text{fr}},581$$

$$- \text{ de la seconde} \quad - \quad \frac{990\times10}{43}=230^{\text{fr}},232$$

$$- \text{ de la troisième} \quad - \quad \frac{990\times8}{43}=184^{\text{fr}},186$$

$$\text{Total et preuve}\ldots\ldots\ldots\quad 989^{\text{fr}},999$$

5. *Dans quelle proportion faut-il allier de l'argent au titre de 0,950 et de l'argent au titre de 0,700 pour avoir* 8^{kg} *au titre de 0,9075 ?*

RÉP. 6^{kg},64 à 0,950 ; 1^{kg},36 à 0,700.

Je fais la différence entre le titre moyen et les deux titres extrêmes ; puis je dispose les calculs comme suit :

$$0,950 \qquad\qquad 0,2075$$
$$0,9075$$
$$0,700 \qquad\qquad 0,0425$$

Si, pour composer l'alliage demandé, au titre 0,9075, on prenait :

1° 2075^{kg} d'argent au titre 0,950, on perdrait
$$(0,950-0,9075)\,2075=0^{\text{kg}},0425\times2075\ ;$$

2° 425^{kg} au titre, 0,700, on gagnerait :
$$(0,9075-0,700)\,425=0^{\text{kg}},2075\times425\ ;$$

Mais $0,0425\times2075=0,2075\times425$, d'où l'on conclut que la perte compenserait le gain, et que cet alliage se fera dans la proportion de

2075^{kg} du premier titre
à 425^{kg} du second titre.

Il reste à partager 8^{kg} proportionnellement à 2075 et 425, ou, en divisant par 25, à 83 et 17 ; $83+17=100$.
Pour former les 8^{kg} d'alliage demandé, on prendra :

$$1° \quad \frac{8\times83}{100}=6^{\text{kg}},64 \text{ au titre } 0,950$$

$$2° \quad \frac{8\times17}{100}=1^{\text{kg}},36 \quad \text{id} \quad 0,700$$

Preuve.

6^{kg},64 au titre 0,950,
     cont. 6,64$\times$0,950$=$6^{kg},308 d'argent pur

1^{kg},36 au titre 0,700,
     cont. 1,36$\times$0,700$=$0^{kg},952   —

et les 8^{kg},00 d'alliage contiennent 7^{kg},260   —

Titre de l'alliage, $\dfrac{7,260}{8}=0,9075$

6. *On a acheté une pièce de terre de* 3^{ha}. 72^{a}. 14^{ca}., *à raison de* 42^{fr}. *l'are. Combien faut-il revendre le mètre carré de ce terrain pour gagner sur le tout* 4225^{fr}. ?

     RÉP. 0^{fr},533.

3^{ha}. 72^{a}. 14^{ca}.$=$372^{a}. 14^{ca}.$=$37214$^{m^2}$ puisque 1^{ca}. n'est autre chose que 1$^{m^2}$.

1 are a été payé 42^{fr}.;
la propriété ou 372^{a},14 a coûté 42^{fr}.$\times$37214$=$15629^{fr},88
On veut gagner sur le tout 4225^{fr}., ci . . . .   4225^{fr}.

Conséquemment les 37214$^{m^2}$ seront revendus. 19854^{fr},88

et 1$^{m^2}$ sera revendu $\dfrac{19854^{fr},88}{37214}=0^{fr},533$

7. *14 pièces de toile de 15 mètres 28 centimètres de long ont coûté* 617^{fr},45 ; *à combien revient le mètre ?*

     RÉP. 2^{fr},88.

1 pièce de toile contient 15^{m},28
et 14 pièces   —   —   15^{m},28$\times$14$=$213^{m},92
213^{m},92 ont coûté. . . . . . 617^{fr},45

1 mètre coûtera. . . . . $\dfrac{617^{fr},45}{213^{fr},92}=2^{fr},88.$

8. *Une personne achète du calicot pour faire quatre douzaines et demie de chemises ; on sait que pour chaque chemise il faut* 3^{fr},15 *de calicot et* 1^{fr},75 *pour la façon. Quel sera le montant de la dépense, si on achète le calicot* 1^{fr},45 *le mètre et qu'on obtienne en payant comptant un escompte de* 4 1/2 *pour* 100.

Rép. 330^{fr},05.

Pour une chemise il faut 3^m,15 de calicot ; pour 4 douzaines 1/2 ou 54 chemises il en faudra 3^m,15 $\times$ 54 = 170^m,10 ;

1 mètre de calicot coûte 1^{fr},45.
170^m,10 coûteront . . . 1^{fr},45 $\times$ 170^m,10 = 246^{fr},645.
On a payé comptant et on a obtenu un escompte de 4 1/2 p. %, c'est-à-dire que sur un achat
de 100^{fr} on n'a versé que 95^{fr},50

de   1^{fr} on verserait. . . $\dfrac{95^{fr},50}{100}$

et de 246^{fr},645   — . . . $\dfrac{95^{fr},50 \times 246^{fr},645}{100} = 235^{fr},55$

On a dépensé :
1° Pour l'achat du calicot. . . . . 235^{fr},55
2° Pour la façon, à raison de 1^{fr},75 par chemise, 1^{fr},75 $\times$ 54 = 94^{fr},50, ci. . . . . 94^{fr},50
En tout . . . . 330^{fr},05

9. *Expliquer, sur un exemple, comment le produit d'une multiplication peut être plus petit que le multiplicande.*

La réponse à cette question se trouve dans la définition même de la multiplication.

La multiplication de deux nombres a pour but d'en former un troisième avec le multiplicande, comme le multiplicateur est formé avec l'unité.

Ainsi le produit se compose du multiplicande, comme le multiplicateur se compose de l'unité. Si le multiplicateur n'est qu'une fraction de l'unité, le produit ne se composera que d'une fraction du multiplicande.

Soit à multiplier 18 par 0,3 on aura :
$$18 \times 0,3 < 18.$$

Le multiplicateur n'étant que les $\dfrac{3}{10}$ de l'unité, le produit ne sera que les $\dfrac{3}{10}$ du multiplicande et conséquemment plus petit que le multiplicande.

10. *Pour faire une robe, on achète 0ᵐ50 d'une étoffe qui a 0ᵐ60 de largeur. On désire doubler entièrement cette robe avec une étoffe de 0ᵐ80 de largeur. La première étoffe coûte 6ᶠʳ,25 le mètre : la seconde 0ᶠʳ,90. On demande : 1° combien il faudra acheter de mètres de doublure ; 2° quel est le prix net des deux étoffes, si l'on obtient, en payant comptant, un escompte de 2ᶠʳ,50 p. 0/0.*

RÉP. 1° 6ᵐ,375 ; 2° 57ᶠʳ,35.

1° La robe a une surface de $0^m,60 \times 8^m,50 = 5^{m^2},10$. Il faudra aussi $5^{m^2},10$ de doublure ; un mètre de doublure a une surface de $0^m,80 \times 1 = 0^{m^2},80$; on emploiera $\dfrac{5^{m^2},10}{0,8} = 6^m,375$ de doublure.

2° La 1ʳᵉ étoffe coûte 6ᶠʳ,25 le mètre ; la seconde 0ᶠʳ,90.

$$8^m,50 \text{ à } 6^{fr},25 \quad \text{coûtent} \quad 6^{fr},25 \times 8,50 = 53^{fr},125$$
$$6,375 \text{ à } 0,90 \quad - \quad 0,90 \times 6,375 = 5^{fr},7375$$

Le prix des deux étoffes est. 58ᶠʳ,8525

On a payé comptant et l'on a obtenu une remise de 2,5 p. 0/0, c'est-à-dire que :

Sur 100ᶠʳ d'achat on n'a versé que 97ᶠʳ,50.

$$\text{Sur} \quad 1^{fr} \quad - \quad - \quad \frac{97,50}{100}$$
$$\text{et sur } 58^{fr},85 \quad - \quad - \quad \frac{97,50 \times 58,85}{100} = 57^{fr},37$$

Le prix net des deux étoffes a été de 57ᶠʳ,35.

11. *Pour quatre paires de rideaux longs chacun de 2ᵐ75 et larges de 1ᵐ35, on a payé 82ᶠʳ,60, savoir : 13ᶠʳ,30 pour la façon et le reste pour la marchandise, dont la largeur est de 0ᵐ,90. On demande combien de mètres d'étoffe on a employés, et combien a coûté chaque mètre.*

RÉP. 1° 33ᵐ ; 2° 2ᶠʳ,10.

1° La surface d'un rideau est de $2^m,75 \times 1^m,35 = 3^{m^2},7125$; celle de 4 paires ou de 8 rideaux sera de $3^{m^2},7125 \times 8 = 29^{m^2},70$.

Un mètre courant n'a que $1^m \times 0,9 = 0^{m^2},9$ de superficie, pour confectionner les 4 paires de rideaux, il a fallu acheter

$$\frac{29^{m^2},70}{0^{m^2},9} = 33 \text{ mètres d'étoffes.}$$

2° Les rideaux reviennent à................ $82^{fr.},60$
on a payé pour la façon $13^{fr.},30$, ci............ $13^{fr.},30$
de sorte que les 33 mètres d'étoffe ont coûté... $\overline{69^{fr.},30}$

$$\text{et } 1 \text{ mètre } \frac{69^{fr.},30}{33} = 2^{fr.},10.$$

12. *Deux couturières se sont engagées à ourler le même nombre de mouchoirs ; la première, qui n'ourle que 5 mouchoirs en 3 heures, en a déjà ourlé 55, quand la deuxième, qui ourle 7 mouchoirs en 2 heures, se met à l'ouvrage. À partir de ce moment, les deux couturières travaillent ensemble, et elles s'arrêtent lorsqu'elles ont ourlé le même nombre de mouchoirs. Ceci établi, on propose de calculer :*

1° Le temps employé par l'une et l'autre couturières pour faire ce travail ;

2° Le nombre de mouchoirs ourlés par chacune d'elles ;

3° Le prix que chaque couturière a reçu comme salaire, sachant que chacune d'elles a reçu une somme de pièces d'argent pesant autant qu'un décilitre d'eau pure.

RÉP. 1° 63^h, 30^h ; 2° 105^m ; 3° 20^{fr}.

1° Pour ourler 1 mouchoir, la 1re ouvrière met $\dfrac{3}{5}$

d'heure ; pour 55 mouchoirs, elle a mis $\dfrac{3}{5} \times 55 = 33$ heures ; elle a donc travaillé 33 heures de plus que la seconde.

En 1 heure, la première ourle $\dfrac{5}{7}$ de mouchoir,

—   deuxième ourle $\dfrac{7}{2}$ —   ou

$\dfrac{1}{2} - \dfrac{5}{3} = \dfrac{21}{6} - \dfrac{10}{6} = \dfrac{11}{6}$ de mouchoir de plus que la 1re.

Ces deux couturières auront ourlé le même nombre de mouchoirs quand, dans le même temps, la seconde en aura ourlé 55 de plus que la 1re, ce qui arrivera quand elles auront travaillé autant d'heures que $\dfrac{11}{6}$ sont contenus de fois

dans 55, c'est-à-dire au bout de $55 : \dfrac{11}{6} = \dfrac{55 \times 6}{11} = 30$

heures.

Ces deux ouvrières ont travaillé :

La 1re $30 + 33 = 63$ heures.

La 2e........ 30 heures.

2° Et pendant ce temps elles ont ourlé :

La 1re $\dfrac{5}{3} \times 63 = 105$ mouchoirs.

La 2^{e} $\dfrac{7}{2} \times 30 = 105$ —

3° 1 litre d'eau pèse 1^{kg}; 1^{dl}, $1^{\text{kg}} \times \dfrac{1}{10} = 0^{\text{kg}},1 = 100^{\text{gr}}$.

Chacune de ces ouvrières a reçu 100 grammes d'argent,

c'est-à-dire $\dfrac{100}{5} = 20^{\text{fr}}$ puisque 1^{fr} pèse 5^{gr}.

13. *On achète du bois de chauffage à 12^{fr} le stère : le décimètre cube de ce bois pèse 850^{gr}, et l'on sait que dans le stère il y a 56 centièmes de plein et 44 centièmes de vide. Combien coûtent les 100^{kg} ?*

RÉP. 2^{fr},52.

Dans 1st il y a 56 centièmes de plein, et 44 centièmes de vide, c'est-à-dire qu'en achetant un stère de bois on n'obtient réellement que $1^{\text{st}} \times \dfrac{56}{60} = 0^{\text{st}},56$ ou 560$^{\text{dm}^3}$ de bois.

1$^{\text{dm}^3}$ de ce bois pèse.... 0^{kg},850

560$^{\text{dm}^3}$ ou 1 stère, pèseront $0,850 \times 560 = 476^{\text{kg}}$.

1st ou 476^{kg} de bois coûte 12^{fr}.

1^{kg} — $\dfrac{12}{476}$

et 100^{kg} coûteront... $\dfrac{12 \times 100}{476} = 2^{\text{fr}},52$.

14. *Les populations du Doubs et du Jura sont égales. Celle de la Haute-Saône surpasse chacune des précédentes de 20 000 habitants. Si la population de la Haute-Saône*

1.

est les $\frac{8}{23}$ de celle de la Franche-Comté totale, quelle est la population de chacun des trois départements ?

Rép.

La population de la Haute-Saône est les $\frac{8}{23}$ de celle de toute la Franche-Comté, de sorte que les populations des deux autres départements réunis en représentent les $\frac{23}{23}$ — $\frac{8}{23} = \frac{15}{23}$, et chacune d'elles, les $\frac{15}{23} : 2 = \frac{15}{46}$.

De l'énoncé du problème, il résulte que les $\frac{8}{23} - \frac{15}{46} = \frac{16}{46} - \frac{15}{46} = \frac{1}{46}$ de la population totale de la Franche-Comté est de 20 000 habitants.

Donc,

la population du Doubs est de 20 000 × 15 = 300 000 hab.
celle du Jura, de . . . . 20 000 × 15 = 300 000 hab.
celle de la Haute-Saône, de . . . 20 000 × 16 = 320 000 hab.

15. *Les années du peuple juif étaient différentes des nôtres et inégales entre elles : On les supposera toutes de 354 jours. On sait que tout travail était suspendu les jours de sabat : on supposera qu'il n'y avait aucune fête. Cela posé, le 3° livre des Rois nous apprend que la construction du temple de Jérusalem a duré sept ans ; que Salomon employait constamment 10 000 ouvriers pour préparer sur le Liban les bois nécessaires, 80 000 pour tailler la pierre sur la montagne, 70 000 pour porter des fardeaux, 3300 pour diriger les travaux. On admettra : 1° que le prix de la journée de travail était, pour chaque homme de ces catégories, équivalent à 0^{fr},70 de notre monnaie ; 2° que le nombre des ouvriers chargés à Jérusalem de l'emploi des matériaux préparés par les premiers était de 1800, et que chacun recevait 0^{fr},55 par journée de travail ; 3° que la main-d'œuvre s'est élevée aux $\frac{2}{7}$ de la dépense totale. On propose d'évaluer, d'après ces hypothèses, ce qu'a coûté le temple de Salomon.*

RÉP. 857 140 200^{fr}.

Dans les 7 années employées à construire le temple de Jérusalem, il y avait $354^{\text{j}} \times 7 = 2478$ jours dont les $\frac{6}{7}$ seulement ou $2478 \times \frac{6}{7} = 2124$ j. étaient ouvrables.

Parmi les ouvriers occupés à cette immense construction, il y en avait $10000 + 80000 + 70000 + 3300 = 163300$ payés à raison de 0^{fr}.,70 par jour, et 1800, à raison de 0^{fr}.,55 par jour.

Les premiers ont fourni ensemble $2124 \times 163300 = 346849200$ journées de travail qui ont été payées . . . . 0^{fr}.,70$\times 346849200 = 242794440^{\text{fr}}$.

Les seconds, $2124 \times 1800 = 3823200$ journées, payées 0^{fr}.,55$\times 3823200$ . . . . . $= \quad 2102760^{\text{fr}}$.

Dépense totale de main-d'œuvre . . . $\overline{244897200^{\text{fr}}}$.

Cette somme n'est que les $\frac{2}{7}$ de la dépense totale;

les $\frac{2}{7}$ de cette dép. sont de 244 897 200^{fr}.

$\frac{1}{7}$ — $\dfrac{244897200}{2}$

et les $\frac{7}{7}$ ou la dép. totale, de $\dfrac{244897200 \times 7}{2} = 857140200^{\text{fr}}$.

Le temple de Salomon a coûté 857 140 200^{fr}.

16. *Dans une prairie de 60 ares, on a pu faire trois coupes, dont la troisième a donné 450^{kg}. de fourrage sec. La première coupe a été les $\frac{3}{7}$ de la deuxième et la troisième les $\frac{5}{8}$ de la deuxième. On demande : 1° le produit des trois coupes à raison de 6^{fr}.,75 le quintal métrique; 2° quel eût été le produit de ces trois coupes, si la prairie avait eu une superficie d'un hectare?*

RÉP. 1° 99^{fr}.,80; 2° 166^{fr}.,33.

1° Poids de la 3ᵉ coupe.................... 450^{kg}·

Poids de la 2ᵉ coupe $\dfrac{450\times 8}{5}=$...... 720^{kg}·

Poids de la 1ʳᵉ coupe $720\times\dfrac{3}{7}=$...... 308^{kg}·,57

Poids total de la récolte ...... $\overline{1478^{kg}·,57}$

1 quintal coûte... 6^{fr}·,75 ; 1478^{kg}·,57 ou
14^{ql}·,7857 coûteront 6^{fr}·,75$\times$14^{q}·,7857 = 99^{fr}·,80.
Le produit des trois coupes est de 99^{fr}·,80.
2° 60^{a}· de terrain ont rapporté 99^{fr}·,80

1^{a}·   —   rapportera.. $\dfrac{99^{fr}·,80}{60}$

et 100^{a}·   —   rapporteront $\dfrac{99,80\times 100}{60}=166^{fr}·,33.$

Si la pièce eût eu 100^{a}· de superficie, le produit des trois
coupes eût été de 166^{fr}·,33.

17. *Réduction d'une fraction à sa plus simple expression : théorie et pratique. — On prendra pour exemple la
fraction* $\dfrac{616}{1400}$.

Voir *Arithm.* (n° 146).

$\dfrac{616}{1400}=\dfrac{308}{700}=\dfrac{77}{175}$; 77 et 175 n'ayant pas de c. d. sont

premiers entre eux, et la fraction $\dfrac{77}{175}$ est réduite à sa plus

simple expression.

18. *Quel serait, au taux de 6 pour 100 par an, l'escompte d'un billet de 4628^{fr}·,35, dont on devancerait l'é-
chéance de 65 jours.*

RÉP. 50^{fr}·,14.

L'escompte commercial de 4628^{fr}·,35, pour 65 jours n'est
autre chose que l'intérêt de cette somme, à 6 p. 0/0, pour
65 jours.

100$^{fr.}$ en 360 j., rapportent 6$^{fr.}$

1$^{fr.}$ en 65 j.,   — $\dfrac{6\times65}{100\times360}$

et 4628$^{fr.}$,35 en 65 j.,   — $\dfrac{6\times65\times4628,35}{100\times360}=50^{fr.},14$

L'escompte demandé est de 50$^{fr.}$,14.

19. *Une société a obtenu la concession de 20 229$^{ha.}$ en Algérie. Elle en a vendu aux Européens 4679$^{ha.}$,41$^{a.}$,34. Sur ce qui lui reste, 1824$^{ha.}$,69$^{a.}$,07 sont restés en jachère. Les autres terres ont été cultivées et ont produit un bénéfice net de 178 682$^{fr.}$,03. Pour exploiter sa concession, la compagnie a constitué un capital de 5 millions en actions de 500$^{fr.}$ On demande le revenu d'une de ces actions et ce qu'un hectare de terre cultivée a produit, sachant qu'au moyen des terrains vendus et des amortissements annuels, on a déjà remboursé 1 652 824$^{fr.}$,75 sur ce capital.*

RÉP. 1° 26$^{fr.}$,69 ; 2° 13$^{fr.}$,02.

1° Cette société ayant remboursé 1 652 824$^{fr.}$,75, ne redoit plus que 5 000 000$^{fr.}$—1 625 824$^{fr.}$,75=3 347 175$^{fr.}$,25, capital représentant, à raison de 500$^{fr.}$ par action, $\dfrac{3\,347\,175,25}{500}=$ 6694$^{act.}$,3505.

Ces 6694$^{act.}$,3505 ont produit..... 178 682$^{fr.}$,03 de bén.

1$^{act.}$ a procuré un revenu de $\dfrac{178\,682^{fr.},03}{6694,3505}=26^{fr.},69$

2° Cette société a acquis............ 20 229$^{ha.}$
desquels il faut déduire :
1° Ce qui a été vendu, 4679$^{ha.}$,41$^{a.}$,34
2° La port. en jachère, 1824

En tout........ 6503$^{ha.}$,41$^{a.}$,34 ci.   6503$^{ha.}$,41$^{a.}$,34

Total des terres qui ont été cultivées... 13 725$^{ha.}$,58$^{a.}$,66

Ces 13 725$^{ha.}$,5866 ont rapporté 178 682$^{fr.}$,03

Soit pour 1$^{ha.}$ un revenu de.... $\dfrac{178\,682^{fr.},03}{13\,725,5866}=13^{fr.},02$

20. *Deux compagnies d'ouvriers peuvent faire un ouvrage, la première en 90 jours, la seconde en 120 jours. Si on n'emploie que le $\frac{1}{4}$ des ouvriers de la première compagnie et le $\frac{1}{6}$ de ceux de la seconde, en combien de jours l'ouvrage sera-t-il fait ? On suppose que tous les ouvriers d'une même compagnie font la même besogne dans le même temps.*

Rép. 240 jours.

En 1j. la 1re compagnie ferait $\frac{1}{90}$ de l'ouvrage, et le $\frac{1}{4}$ des ouvriers de cette compagnie, seulement $\frac{1}{90 \times 4} = \frac{1}{360}$.

En 1j. la 2e compagnie ferait $\frac{1}{120}$ de l'ouvrage, et le $\frac{1}{6}$ de ses ouvriers, seulement $\frac{1}{120 \times 6} = \frac{1}{720}$.

En 1j. les deux fractions de compagnie feraient $\frac{1}{360} + \frac{1}{720} = \frac{3}{720}$ de cet ouvrage, et pour le faire entièrement elles mettraient $\frac{720}{3} = 240$ jours.

21. *Une marchande achète des aiguilles à 0fr.,15 la douzaine, et les revend à raison de 2 pour 0fr.,05. Combien doit-elle en revendre pour gagner 54fr.,50 ? Vérifier.*

Rép. 4360 aiguilles.

La douzaine d'aiguilles est revendue $\frac{0^{fr.},05}{2} \times 12 = 0^{fr.},30$.

Bénéfice sur une douzaine, 0fr.,30 — 0fr.,15 = 0fr.,15.

Pour gagner 54fr.,50, cette marchande devra vendre $\frac{54,50}{0,15} = 363$ douzaines $\frac{1}{3}$ ou $12 \times 363\frac{1}{3} = 4360$ aiguilles.

Vérification :

Prix de vente de 363 douzaines $\frac{1}{3}$, $0^{fr.},30 \times 363\frac{1}{3} = 109^{fr.}$

$$\text{Prix d'achat} \ldots\ldots\ldots\ldots\quad 0^{\text{fr}},15\times363\tfrac{1}{3}=54^{\text{fr}},50$$

$$\text{Bénéfice} \ldots\ldots\ldots\quad 109^{\text{fr}}-54^{\text{fr}},40=\overline{54^{\text{fr}},50}$$

22. *Calculer le revenu journalier d'une personne qui a* $13\,490^{\text{fr}}$ *placés à* $4\tfrac{1}{2}$ *pour* 100.

RÉP. $1^{\text{fr}},663$.

100^{fr} rapportent en 1 an. $4^{\text{fr}},50$

$$1^{\text{fr}} \text{ rapportera} \quad - \quad \frac{4^{\text{fr}},50}{100}$$

$$\text{et } 13\,490^{\text{fr}} \text{ rapporter.} \quad - \quad \frac{4^{\text{fr}},50\times13\,490}{100}=607^{\text{fr}},05$$

Le rev. de cette pers. pour 365 j. est de $607^{\text{fr}},05$

$$- \qquad \text{pour} \quad 1 \text{ jour, de } \frac{607^{\text{fr}},05}{365}=1^{\text{fr}},663.$$

23. *Enoncer sans les démontrer les caractères de divisibilité par* 2, 4, 5, 25 *et* 9.
On donnera un exemple pour chaque cas.

Voir *Arithm.* (n°⁸ 89 et suivants).

24. *Démontrer que* $5\times4=4\times5$.

Voir *Arithm.* (n° 48).

25. *Un spéculateur engage toute sa fortune dans une entreprise et l'augmente en* 4 *ans de ses* $\tfrac{5}{10}$; *il se trouve possesseur de* $125\,000^{\text{fr}}$. *Trouver quel était son avoir primitif et combien il a gagné, pour cent, par an, en moyenne.*

RÉP. 1° $83\,333^{\text{fr}},\tfrac{1}{3}$; 2° $12^{\text{fr}},50$.

1° Au bout de 4 ans la fortune de ce spéculateur s'est trouvée augmentée de ses $\tfrac{5}{10}$, elle est donc devenue les $\tfrac{15}{10}$ ou les $\tfrac{3}{2}$ de ce qu'elle était primitivement.

Donc la fortune primitive était de $\dfrac{125\,000 \times 2}{3} = 83\,333^{fr}\cdot\dfrac{1}{3}\cdot$

2° Bénéf. pour 4 années $125\,000 - 83\,333^{fr}\cdot\dfrac{1}{3} = 41\,666^{fr}\cdot\dfrac{2}{3}\cdot$

pour 1 année, $\dfrac{41\,666\dfrac{2}{3}}{4} = 10\,416^{fr}\cdot\dfrac{2}{3}\cdot$

Revenu de $83\,333^{fr}\cdot\dfrac{1}{3}$ pour un an, $10\,416\dfrac{2}{3}\cdot$

de 1$^{fr}\cdot$ — $\dfrac{10\,416\dfrac{2}{3}}{83\,333\dfrac{1}{3}}$

Pour 100$^{fr}\cdot$ de .... $\dfrac{10\,416\dfrac{2}{3}\times 100}{83\,333\dfrac{1}{3}} = 12^{fr}50\cdot$

26. *Ce que l'on appelle plus petit commun multiple de plusieurs nombres. Comment on trouve ce plus petit commun multiple. Son application à la réduction des fractions au même dénominateur.*

Voir *Arithm.* (n°ᵃ 109, 110, 111, 112, 126 et 151).

27. *On demande de payer 800$^{fr}\cdot$ avec des pièces de 20$^{fr}\cdot$ et de 5$^{fr}\cdot$ en or, de manière qu'il y ait 67 pièces en tout. Combien y aura-t-il de pièces de chaque sorte?*

RÉP. 31 p. de 20$^{fr}\cdot$ et 36 p. de 5$^{fr}\cdot$

Si l'on ne payait qu'avec des pièces de 20$^{fr}\cdot$, on donnerait $20^{fr}\cdot\times 67 = 1340^{fr}\cdot$, c'est-à-dire $1340 - 800 = 540^{fr}\cdot$ de trop. En remplaçant une pièce de 20$^{fr}\cdot$ par une pièce de 5$^{fr}\cdot$, cet excès diminue de la différence $20 - 5 = 15^{fr}\cdot$.

Il y aura autant de pièces de 5$^{fr}\cdot$ que 15 est contenu dans 540 ou $\dfrac{540}{15} = 36$ pièces de 5$^{fr}\cdot$, et $67 - 36 = 31$ pièces de 20$^{fr}\cdot$.

Preuve 31 pièces de 20$^{fr}\cdot$ font $20 \times 31 = 620^{fr}\cdot$.

$$\begin{array}{lllll}
36 & — & 5^{fr}\cdot & — & 5 \times 36 = 180^{fr}\cdot \\
\hline
67 & & & & 800^{fr}\cdot
\end{array}$$

28. *Comment réduit-on une fraction à sa plus simple expression? Démontrer que, dans la méthode suivie, la fraction ne change pas de valeur. Prendre pour exemple :*
$$\frac{2090}{7315}.$$

Voir *Arith.* (n° 146).

29. *Deux personnes ont le même revenu. La première économise $\frac{1}{5}$ de son revenu, tandis que la seconde dépense 800fr. de plus que l'autre. Il en résulte qu'au bout de trois ans la seconde a 852fr. de dettes. Quel est le revenu?*

RÉP. 2580fr.

Au bout de 3 ans la 2° personne a dépensé $800^{fr} \times 3 = 2400^{fr}$ de plus que la première, et comme elle a 852fr. de dette, il s'ensuit que la 1re a économisé $2400^{fr} - 852^{fr} = 1548^{fr}$ soit $\frac{1548}{3} = 516^{fr}$ par an. Cette somme représente le $\frac{1}{5}$ de son revenu annuel.

$\frac{1}{5}$ du revenu de chacune de ces personnes est de 516fr.

Les $\frac{5}{5}$ ou le revenu total sera de $516^{fr} \times 5 = 2580^{fr}$.

30. *Multiplication des nombres fractionnaires. Comment on la fait?*
Expliquer la règle sur l'exemple :
$$32° \ 27' \ 38'' \ \frac{2}{3} \times 9 \ \frac{3}{4}.$$

RÉP. $32° \ 27' \ 38'' \ \frac{2}{3} \times 9 \ \frac{3}{4} = \frac{350676''}{3} \times \frac{39}{4} = \frac{13676364''}{12} = 1139697''$

Voir *Arith.* (n°s 161, 296).

31. *L'huile d'œillette se vend 135$^{fr.}$ les 90$^{kg.}$ Une personne veut faire remplir d'huile une barrique qui contient 228$^{lit.}$: combien payera-t-elle, sachant que le litre d'huile pèse 925$^{gr.}$?*

RÉP. 316$^{fr.}$,35.

1$^{lit.}$ d'huile pèse 0$^{kg.}$,925$^{gr.}$
228$^{lit.}$ pèseront 0$^{kg.}$,925 $\times$ 228 = 210$^{kg.}$9.
90$^{kg.}$, d'huile coûtent 135$^{fr.}$

$$1^{kg.} \quad - \quad \text{coûtera} \ \frac{135^{fr.}}{90}$$

$$\text{et } 210^{kg.} \text{ coûteront } \frac{135^{fr.} \times 210,9}{90} = 316^{fr.},35$$

Cette personne payera pour sa barrique 316$^{fr.}$,35.

32. *Démontrer que le produit de deux nombres entiers reste le même lorsqu'on intervertit l'ordre des deux facteurs.*

Démontrer que ce principe est également vrai pour le produit, soit d'un nombre entier par une fraction, soit de deux fractions l'une par l'autre.

Voir *Arithm.* (n°s 48, 162).

33. *Pour qu'une prairie soit placée dans de bonnes conditions d'irrigation, il faut lui fournir en 24$^{h.}$ la quantité d'eau qui serait capable de la couvrir d'une couche de 20$^{cent.}$ d'épaisseur si toute l'eau restait à la surface.*

On demande quel est le nombre de litres d'eau qu'il faudra lui fournir par hectare et par seconde.

RÉP. 23$^{lit.}$,148.

24$^{h.}$ font 60$^{s.}$ $\times$ 60 $\times$ 24 = 86 400 secondes.
1$^{ha.}$ = 10 000 mètres carrés. Pour qu'une prairie soit bien irriguée, il faut lui fournir par hectare et en 24$^{h.}$ ou 86 400$^{s.}$, 10 000$^{mt.}$ $\times$ 0,2 = 2000^{m3} d'eau ou 2 000 000 de litres, et en 1 seconde, $\dfrac{2\,000\,000}{86\,400} = 25^{lit.},148$.

34. *Le gaz d'éclairage pèse, à volume égal, les 0,97 du poids d'un même volume d'air, et un litre d'air pèse* 1^{gr}.293. *Dans un magasin, il y a 65 becs brûlant chacun* 123 *litres de gaz par heure, et chacun d'eux reste allumé* 5 *heures par soirée d'hiver. Calculer :* 1° *le poids de gaz dépensé par mois ;* 2° *la dépense de l'éclairage, sachant que le gaz coûte* 0^{fr},29 *le mètre cube.*

RÉP. 1504^{kg},111 ; 347^{fr},80.

1° En un mois de 30 jours, 1 bec de gaz consomme 123^{lt}.$\times$5$\times$30$=$18450^{lt}. de gaz, et 65 becs 18450^{lt}.$\times$65$=$1199250^{lt}. ou 1199^{m³},250.

1^{lt}. d'air pèse 1^{gr}.,293$\times$0,97$=$1^{gr},25421,

1190250^{lt}. pèsent 1^{gr},25421$\times$1199,250$=$1504^{kg},1143425.

2° 1^{m³} de gaz coûte 0^{fr},29,

1199^{m³},250 coûteront 0^{fr},29$\times$1199,250$=$347^{fr},79.

La dépense de l'éclairage s'élèvera pour un mois à 347^{fr},80.

35. *Quel est le nombre qui, augmenté de* 16, *devient égal au* $\frac{7}{3}$ *de sa valeur primitive ?*

RÉP. 12.

Si des $\frac{7}{3}$ de ce nombre je retranche $\frac{3}{3}$, il restera les $\frac{4}{3}$ de ce nombre ou 16.

$\frac{1}{3}$ de ce nombre vaut $\frac{16}{4}$,

et   les $\frac{3}{3}$ ou le nombre lui-même, $\dfrac{16\times3}{4}=12$.

36. *Une machine à vapeur consomme par force de cheval et par heure environ* 6758^{gr},35 *de charbon : combien de kilogrammes dépense une machine de 15 chevaux pendant 24 heures ? Quel est le prix de cette consommation, en supposant que le charbon coûte* 36^{fr},75 *la tonne ?*

RÉP. 1° 2433^{kg},006 ; 2° 89^{fr},41.

1° Une machine de la force de 1 cheval, en 1^{h}. consomme 6758^{gr},35 de charbon,

de 15 chevaux, en 24^h· consommera 6758^{gr}·,35 $\times$ 15 $\times$ 24 $=$
2 433.006^{gr}· $=$ 2433^{kg}·,006 $=$ 2^t·,433 006.

2° 1^t· de charbon coûte 36^{fr}·,75

2^t·,433 006 coûteront 36^{fr}·,75 $\times$ 2,433 006 $=$ 89^{fr}·,41.

Le prix de la consommation d'une machine de la force
de 15 chevaux pour 24 heures est de 89^{fr}·,41.

37. *Le filage du coton coûte les $\dfrac{9}{10}$ du prix du coton
brut, et le filateur, en vendant ses produits, gagne 10 p. °/₀
sur le prix de revient; le tissage coûte les $\dfrac{5}{6}$ du prix d'a-
chat du coton filé, et le manufacturier se réserve, à son
tour, un bénéfice de 15 pour °/₀ sur le prix de revient,
quand il cède au marchand; enfin, ce dernier vend ses
étoffes en gagnant 20 pour °/₀ sur le prix d'achat en fabrique. On propose, d'après cela, de calculer ce que le consommateur paie une pièce d'étoffe de coton pesant 1 kilog.
en supposant que le quintal de coton brut coûte 50 franc.*

Rép. 2^{fr}·,65.

Le coton filé coûte au filateur $\dfrac{10}{10} + \dfrac{9}{10} = \dfrac{19}{10}$ de sa valeur

à l'état brut. En vendant ses produits il gagne $\dfrac{1}{10}$ sur ses

déboursés et conséquemment le coton filé coûte au manufacturier

$$\frac{19}{10} \times \frac{11}{10} = \frac{209}{100} \text{ de sa valeur primitive.}$$

Le tissage coûte les $\dfrac{5}{6}$ de la valeur du coton filé. Le prix
de revient du coton tissé est de

$$\frac{209}{100} \times \frac{11}{6} = \frac{2299}{600} \text{ du coton brut.}$$

Cet industriel se réserve un bénéfice de 15 p. °/₀ : ses

étoffes seront revendues au marchand les $\dfrac{115}{100}$ de leur prix

de revient ou

$$\frac{2299}{600} \times \frac{115}{100} = \frac{264\,385}{60\,000} \text{ de la valeur de la matière première.}$$

Le marchand gagne à son tour 20 p. % ou le $\frac{1}{5}$ du prix d'achat et le prix de vente au consommateur équivaudra

$$\text{aux } \frac{264\,385}{60\,000} \times \frac{6}{5} = \frac{317\,262}{60\,000} = \frac{31,7262}{6} =$$

5 fois 2877 le prix du coton brut.

1^{qt.} ou 100^{kg.} de coton brut coûte 50^{fr.}

100^{kg.} id. tissé id. 50^{fr.} $\times$ 5,2877 = 264^{fr.},385.

Et 1^{kg.} coûtera $\frac{264^{fr.},385}{100} = 2^{fr.},64\,385$ ou 2^{fr.},65.

Le consommateur paie une pièce de coton de 1^{kg.}, 2^{fr.},65.

38. *Qu'arrive-t-il lorsqu'on multiplie par* $\frac{2}{3}$ *les deux facteurs d'un produit?*

Rép. Le produit est réduit à ses $\frac{2}{3} \times \frac{2}{3} = \frac{4}{9}$.

En effet :

Quand on multiplie le multiplicande par $\frac{2}{3}$ on obtient un nouveau multiplicande qui n'est que les $\frac{2}{3}$ du premier; et comme le produit varie dans le même rapport, il est réduit à ses $\frac{2}{3}$.

Si on opère de même sur le multiplicateur, pour la même raison, le produit se trouve réduit aux $\frac{2}{3}$ de ses $\frac{2}{3}$, c'est-à-dire à ses $\frac{2}{3} \times \frac{2}{3} = \frac{4}{9}$:

Soient les facteurs 12 et 6

dont les $\frac{2}{3}$ sont...... 8 et 4;

$$12 \times 6 = 72$$
$$8 \times 4 = 32$$

Et $72 \times \frac{4}{9} = 32$; $32 =$ les $\frac{4}{9}$ de 72.

39. *Une lampe brûle, en 15 heures* $\frac{1}{4}$, 1^{kg.} *d'huile*

coûtant 1ᶠʳ.,35. Pour avoir la même clarté, il faut em-
ployer 6 bougies qui durent 12 heures $\frac{1}{2}$, et coûtent
1ᶠʳ.,05. Quel est l'éclairage le plus économique ?

> Rép. Il est plus économique de s'éclairer par les
> bougies.

En 12 heures $\frac{1}{2}$ on dépense..... 1ᶠʳ.,05 de bougie

En 1 heure   on dépenserait. $\dfrac{1^{fr}.,05}{12\frac{1}{2}}$

et en 15 heures $\frac{1}{4}$ on dépenserait $\dfrac{1,05\times15\frac{1}{4}}{12\frac{1}{2}}=1^{fr}.,281.$

La même clarté obtenue à l'aide d'une lampe à huile, coûterait 1ᶠʳ.,35 : l'éclairage par les bougies est le plus économique.

40. *Démontrer que diviser un nombre par $\frac{1}{3}$, revient au même que de multiplier ce nombre par 3.*

Si l'on divisait le nombre donné par l'unité, le quotient serait précisément égal au dividende ; si on le divise par $\frac{1}{3}$, par une quantité 3 fois plus petite, le quotient deviendra 3 fois plus grand, le diviseur et le quotient variant en rapport inverse, et conséquemment sera égal au nombre donné multiplié par 3.

41. *Trois sommes, l'une de 30000ᶠʳ.; la 2ᵉ de 40000ᶠʳ.; la 3ᵉ de 25000ᶠʳ. ont rapporté en tout 27876ᶠʳ. Combien chacune d'elle a-t-elle rapporté?*
Quelle est la somme qui aurait rapporté 50000ᶠʳ., ces quatre sommes étant au même taux?

> Rép. 1° 8803ᶠʳ.,026; 11737ᶠʳ.,368; 7335ᶠʳ.,855;
> 2° 170395ᶠʳ.,91.

1° Les sommes étant supposées placées au même taux, il reste à partager 27 876^{fr},25 proportionnellement aux nombres 30 000^{fr}, 40 000^{fr} et 25 000^{fr} ou à 30, 40 et 25, ou encore 6, 8 et 5 ; $6+8+5=19$,

la première somme a rapporté $\dfrac{27\,876,25\times6}{19}=8803^{fr},026$

la seconde — $\dfrac{27\,876,25\times8}{19}=11\,737^{fr},368$

la troisième — $\dfrac{27\,876,25\times5}{19}=7335^{fr},855$

$$\text{Total.................}\quad \overline{27\,876^{fr},249}$$

2° 27 876^{fr},25 ont été rap. par $30\,000+40\,000+25\,000=95\,000^{fr}$.

1^{fr} l'aurait été par $\dfrac{95\,000}{27\,876,25}$

et 50 000^{fr} le seraient par $\dfrac{95\,000\times50\,000}{27\,876,25}=170\,395^{fr},91$.

42. *Partager le nombre 392 en parties proportionnelles aux nombres 5, 13 et 17. — Établir la règle qu'il faut suivre dans tous les problèmes de partages proportionnels.*

RÉP. 1° 56 ; 145,6 ; 190,4.

$$5+13+17=35$$

La première partie est de $\dfrac{392\times5}{35}=56$

La seconde de .... $\dfrac{392\times13}{35}=145,6$

La troisième de .... $\dfrac{392\times17}{35}=190,4$

$$\text{Total.................}\quad \overline{392}$$

2° Voir pour la règle, *Arithm.* (n°s 448, 449, 450 et s.).

43. *Dans une association pour la fabrication du fromage de Gruyère, on a transformé en fromage, dans le cours d'une année, environ 55 000^{lit} de lait. Les frais généraux se sont élevés à 2350^{fr}, y compris le combustible;*

le sel a coûté 0^{fr},038 par kilog. de fromage fabriqué. D'autre part, la production a été, en moyenne, de 25^{kg} de fromage pour 190^{lit} de lait, et on a vendu ce fromage à raison de 167^{fr},75 le quintal. Calculer, d'après ces données, la valeur du litre de lait.

$$\text{RÉP. } 0^{fr},173.$$

Pour faire 25^{kg} de fromage, il faut 190^{lit} de lait,

— 1^{kg} — il faudra $\dfrac{190}{25} = 7^{lit},60$ de lait.

Avec $55\,000^{lit}$ de lait, on a fabriqué $\dfrac{55\,000}{7,6} = 7236^{kg},84 = 72^{qt},3684$ de fromage.

1 quintal a été vendu à raison de 167^{fr},75.

72^{qx},3684 seront vendus $167^{fr}.75 \times 72,3684 = 12139^{fr}.799$

De cette somme, il faut déduire :

1° Le montant des frais généraux 2350^{fr}.

2° Le prix du sel $0^{fr}.038 \times 7236,84 = 275^{fr}.0899$

$$\text{En tout . . . . . . } 2625^{fr}.0899 \text{ ci } 2625^{fr}.0899$$

Valeur des $55\,000^{lit}$ de lait employés. . . . . $9514^{fr}.709$

Valeur de. . . . . 1^{lit} de lait $\dfrac{9514,709}{55\,000} = 0^{fr},173.$

44. *Qu'est-ce que réduire des fractions à un même dénominateur ?*

Faire voir que tout multiple commun des dénominateurs de ces fractions peut servir de dénominateur commun.

Réduire au plus petit dénominateur commun les fractions :

$$\frac{13}{26},\ \frac{7}{48},\ \frac{5}{72},\ \frac{11}{192}.$$

$$\text{RÉP. } \frac{13}{26},\ \frac{7}{48},\ \frac{5}{72},\ \frac{11}{192} = \frac{1}{2},\ \frac{7}{48},\ \frac{5}{72},\ \frac{11}{192} = \frac{1}{2},$$

$$\frac{7}{2^4 \times 3},\ \frac{5}{2^3 \times 3^2},\ \frac{11}{2^6 \times 3} = \frac{1 \times 2^5 \times 3^2}{2 \times 2^5 \times 3^2},\ \frac{7 \times 2^2 \times 3}{2^4 \times 3 \times 2^2 \times 3},$$

$$\frac{5 \times 2^3}{2^3 \times 3^2 \times 2^3},\ \frac{11 \times 3}{2^6 \times 3 \times 3} = \frac{288}{572},\ \frac{84}{572},\ \frac{40}{572},\ \frac{33}{572}.$$

Voir *Arithm.* (n°s 147, 151 et 126).

45. *Deux personnes doivent actuellement des sommes égales. Pour s'acquitter, la première souscrit un billet de 7380ᶠʳ·, payable dans 8 mois, et la seconde un billet payable dans 2 mois. Quel est le montant de ce second billet ?*

Dans les deux cas, le taux de l'intérêt est de 6 pour 100.

RÉP. 7167ᶠʳ·,21.

Cherchons la valeur actuelle d'un billet de 7380ᶠʳ· payable dans 8 mois. Le taux est 6 p. %.

100ᶠʳ· en 12 mois rapportent ... 6ᶠʳ·

100ᶠʳ· en 8 mois rapporteraient $\dfrac{6\times 8}{12} = 4^{fr.}$ et deviendraient, au bout de ce temps, capital et intérêt compris, $100 + 4^{fr.} = 104^{fr.}$

104ᶠʳ· pay. à 8 ᵐ· valent aujourd'hui 100ᶠʳ·

$$1^{fr.} \qquad 8^{m.}\ \text{vaut} \qquad - \qquad \frac{100}{104}$$

$$\text{et } 7380^{fr.} \qquad 8^{m.}\ \text{valent} \qquad - \qquad \frac{100\times 7380}{104} = 7096^{fr.}15$$

Les deux personnes doivent aujourd'hui chacune 7096ᶠʳ·,25. Le montant du second billet est égal à 7096ᶠʳ·,25 augmenté de ses intérêts à 6 p. % pendant 2 mois.

Intérêts de 7096ᶠʳ·,25, à 6 p. %, pour deux mois

$$\frac{6\times 2\times 7096^{fr.},25}{12\times 100} = 70^{fr.},9625.$$

Donc montant du second billet 7096ᶠʳ·,25 + 70ᶠʳ·,9625 = 7167ᶠʳ·,21.

46. *Théorie de la multiplication des fractions ordinaires.*

Dans quel cas le produit est-il plus petit que l'un des facteurs seulement ?

1° Voir *Arithm.* (nᵒˢ 157 et suivants).

2° Le produit est plus petit que l'un des facteurs, quand l'autre facteur est lui-même plus petit que l'unité.

47. *Une personne doit 1825ᶠʳ· dont elle paye intérêt à 6 pour 100. Pour s'acquitter, elle place 4000ᶠʳ· à 5 pour*

100. On demande dans combien de temps la dette pourra être remboursée par les intérêts du capital placé. Intérêts simples.

Trouver le résultat à moins d'un jour.

RÉP. 9ª. 1ᵐ. 15ʲ.

Intérêts de 4000ᶠʳ· pour 1 an, à 5 p. %, $\dfrac{5 \times 4000}{100} = 200$ᶠʳ·

La dette de 1825ᶠʳ· sera remboursée, à l'aide de cet intérêt, au bout de $\dfrac{1825}{200} = 9$ ans, 1 mois et 15 jours.

48. *Exposer la théorie de la division des nombres décimaux.*

Voir Arithm. (nᵒˢ 188 et suivants).

49. *Lorsque le vin valait 23ᶠʳ· l'hectolitre, un ménage en consommait par année 6ʰˡ·,2. Le prix s'étant élevé à 38ᶠʳ· l'hectolitre, on a diminué la consommation, et cependant la dépense s'est accrue de $\dfrac{1}{8}$. De combien de litres la consommation annuelle a-t-elle été diminuée ?*

RÉP. 197ˡ·,83.

Quand le vin se vend 23ᶠʳ· la dépense annuelle est de 23ᶠʳ· $\times$ 6,2 = 142ᶠʳ·,60.

Après l'augmentation, la dépense s'étant élevée de $\dfrac{1}{8}$ est devenue $142,60 \times \dfrac{9}{8} = 160$ᶠʳ·,425.

L'hectolitre se vendant 38ᶠʳ· on a consommé $\dfrac{160,425}{38} =$ 4ʰˡ·,2217, c'est-à-dire 6ʰˡ·,2 — 4ʰˡ·,2217 = 1ʰˡ·,9783 ou 197ˡ·,83 de moins que précédemment.

50. *Division de $4\dfrac{5}{6}$ par $8\dfrac{2}{7}$. Expliquer l'opération.*

RÉP. $\dfrac{203}{348}$.

On convertit en expressions fractionnaires et on opère comme sur des fractions :

$$4\,\frac{5}{6} : 8\,\frac{2}{7} = \frac{29}{6} : \frac{58}{7} = \frac{29 \times 7}{6 \times 58} = \frac{203}{348}.$$

Voir *Arith.* (n°s 159 et suivants).

51. *On a vendu à une personne les* $\frac{2}{5}$ *d'un tonneau de vin; à une deuxième personne les* $\frac{2}{13}$ *du même tonneau, et le reste du tonneau à une troisième qui a payé, en conséquence, 147^{fr}. Combien chacune des deux premières a-t-elle dû payer ?*

RÉP. 131^{fr},80 ; 50^{fr},70.

Les deux premières personnes ont acheté, ensemble

$$\frac{2}{5}+\frac{2}{13}=\frac{26}{65}+\frac{10}{65}=\frac{36}{65} \text{ du tonneau; le reste ou } \frac{65}{65}-\frac{36}{65}$$

$$=\frac{29}{65} \text{ ont été payés 147}^{fr} \text{ par la troisième personne.}$$

$$\frac{1}{65} \text{ a donc coûté } \frac{147}{29}.$$

La première personne qui a acheté les $\frac{26}{65}$ du tonneau

$$\text{a dû payer } \frac{147}{29}\times 26 = 131^{fr},80$$

$$\text{et la deuxième, } \frac{147}{29}\times 10 = 50^{fr},70$$

52. *Un robinet fournit 363 centilitres d'eau par minute; on le laisse 4^h. 35^m. A quelle hauteur s'élèvera l'eau dans un bassin ayant pour dimensions de sa base 15^d. et 46^c. ?*

RÉP. 1^m,455.

$$4^h. 35^m = 275^m.; \ 363^c = 3^{lit},63.$$

En   1^m. le robinet fournit 3^{lit},63.

En 275^m. il fournira 3^{lit},63$\times$275=1003^{lit},75 ou 1003$^{dm^3}$75

Surface de la base 15$^{dm}\times$4^{dm},6 = 69$^{dm^2}$.

Le volume, 1003$^{dm^3}$,75 est égal au produit de cette base par la hauteur cherchée.

Donc hauteur de l'eau, $\dfrac{1003,75}{69} = 14^{dm},55 = 1^{m}.,455$.

53. *On a vendu à une personne les $\dfrac{2}{5}$ d'un tonneau de vin ; à une 2me personne les $\dfrac{2}{10}$ du même tonneau, et le reste du tonneau à une troisième qui a payé en conséquence 145^{fr}. Combien chacune des deux premières a-t-elle eu à payer ?*

    RÉP. 1° 130^{fr} ; 2° 50^{fr}.

Les deux premières personnes ont eu ensemble, $\dfrac{2}{5} + \dfrac{2}{13} = \dfrac{26 + 10}{65} = \dfrac{36}{65}$ pour 145^{fr}.

La 3e a eu les $\dfrac{65 - 36}{65} = \dfrac{29}{65}$ du tonneau

Valeur du tonneau, $\dfrac{145^{fr} \times 65}{29} = 325^{fr}$.

1° La 1re personne a payé . . . . $\dfrac{325 \times 2}{5} = 130^{fr}$.

2° La 2e — . . . . $\dfrac{325 \times 2}{13} = 50^{fr}$.

et la 3e — . . . . 145^{fr}.

     Total. . . . . $\overline{325^{fr}.}$

54. *Multiplier 2,27 par 2,8. Démontrer la règle à suivre.*

  RÉP. 6,356.

Voir *Arithm.* (n° 182).

55. *Le lait de bonne qualité contient environ les $\dfrac{4}{25}$ de son poids de crème. On demande la quantité de beurre que l'on pourrait produire avec 22 kilogrammes $\dfrac{5}{8}$ de lait, si le poids du beurre est les 80 centièmes du poids de la crème ; et la valeur qu'on en retirerait, si les 500 grammes coûtent 1^{fr}.,15.*

Rép. 1° 2^{kg}·896; 2° 6^{fr}·,6608.

1° Le lait contient les $\dfrac{4}{25}$ de son poids de crème ; la crème

fournit les $\dfrac{80}{100}$ de son poids de beurre, c'est-à-dire que le

poids du beurre que l'on obtient est égal aux $\dfrac{80}{100}$ des $\dfrac{4}{25}$

ou au $\dfrac{4}{25} \times \dfrac{80}{100} = \dfrac{32}{250} = \dfrac{16}{125}$ du poids du lait qui l'a fourni.

Avec 22^{kg}·$\dfrac{5}{8}$ de lait on pourra fabriquer

$$22\,\dfrac{5}{8} \times \dfrac{16}{125} = \dfrac{181}{8} \times \dfrac{16}{125} = \dfrac{181 \times 2}{125} = 2^{kg}·896 \text{ de beurre.}$$

2° 2^{kg}·,896 de beurre à 1^{fr}·,15 les 500^{gr}·, ou à 2^{fr}·,30 le^{kg}· ont une valeur de 2^{fr}·,30 $\times$ 2.896 = 6^{fr}·,6608.

56. *Comment fait-on pour convertir une fraction ordinaire en fraction décimale ?*

Voir *Arithm.* (n° 187).

57. *Deux personnes ont hérité ensemble d'une somme de 18 300^{fr}· La première ayant dépensé les $\dfrac{2}{5}$ de sa part, et la seconde, les $\dfrac{3}{7}$ de la sienne, il reste à la première deux fois plus qu'à la seconde. Quelles sont les deux parts d'héritage ?*

Rép. 12 000^{fr}·; 6300^{fr}·

Il reste à la première les $\dfrac{3}{5}$ de sa part, et à la seconde,

les $\dfrac{4}{7}$ de la sienne.

D'après l'énoncé du problème on a :

$$\dfrac{3}{5} \text{ de la 1}^{re} \text{ part} = \dfrac{4}{7} \times 2 = \dfrac{8}{7} \text{ de la deuxième ;}$$

Donc $\frac{1}{5}$ de la 1re part vaut $\frac{8}{7\times3}$ de la deuxième ;

et les $\frac{5}{5}$ ou la 1re part val. $\frac{8\times5}{7\times3}=\frac{40}{21}$ de la deuxième.

La seconde vaut ses $\frac{21}{21}$; il reste à partager l'héritage 18300^{fr}, proportionnellement à $\frac{40}{21}$ et $\frac{21}{21}$ ou à 40 et 21 ; 40 + 21 = 61.

$$\text{Part de la première personne } \frac{18300\times40}{61}=12000^{\text{fr}},$$

$$\text{— de la seconde } — \frac{18300\times21}{61}= 6300^{\text{fr}}.$$

$$\text{Total} \ldots\ldots\ldots\ldots\ldots \overline{18300^{\text{fr}}}$$

$$\text{Preuve : } 12000\times\frac{3}{5}=7200^{\text{fr}}.$$

$$3600\times\frac{4}{7}=3600^{\text{fr}}.$$

$$72000^{\text{fr}} =3600\times2.$$

58. *Démontrer que le produit de deux nombres entiers ne change pas quand on intervertit l'ordre des facteurs. Étendre la démonstration au cas de trois facteurs.*

Voir *Arithm.* (n°s 48 et 54).

59. *De quelle hauteur a-t-on laissé tomber une bille élastique qui, après avoir touché 5 fois le sol, rebondit à une hauteur de* 0^{m},80 ? *On admet qu'après chaque chute, la bille se relève des* $\frac{4}{5}$ *de la hauteur d'où elle est partie. On fera le calcul à moins d'un millimètre près.*

Rép. 2^{m},441.

La première fois qu'elle touche le sol, la bille rebondit à une hauteur égale aux $\frac{4}{5}$ de la hauteur primitive.

La deuxième fois aux $\frac{4}{5}$ de ces $\frac{4}{5}$, c'est-à-dire à une frac-

tion de la hauteur primitive équivalente à $\frac{4}{5} \times \frac{4}{5} = \frac{4^2}{5^2}$,

c'est-à-dire que la hauteur à laquelle atteindra cette bille, après avoir touché le sol un nombre quelconque de fois, sera représentée par une fraction de la hauteur initiale, ayant pour numérateur et dénominateur 4 et 5, affectés d'un exposant précisément égal à ce même nombre. Ainsi, après avoir touché 5 fois le sol, elle atteindra à une hauteur

équivalant aux $\frac{4^5}{5^5} = \frac{1025}{3125}$ de la hauteur primitive.

Les $\frac{1024}{3125}$ de cette hauteur sont de $0^m,80$

$\frac{1}{3125}$ sera de....... $\frac{0,24}{1024}$

et les $\frac{3125}{3125}$ ou la hauteur, de $\dfrac{0,80 \times 3125}{1024} = \dfrac{3125}{125} = 2^m,441.$

On a laissé tomber la bille d'une hauteur de $2^m,441$.

60. *Un propriétaire a fait marché avec 4 ouvriers pour l'exploitation d'une coupe de bois taillis, à raison de $0^{fr},60$ par stère de bois et $1^{fr},10$ par 100 de bourrées ou fagots. Le taillis a produit 240 stères et 2850 fagots, et l'exploitation a duré 24 jours. Combien chaque ouvrier a-t-il gagné par jour ?*

RÉP: $1^{fr},217.$

Ces 4 ouvriers ont reçu pour la fabrication de :
1° 240 st. de bois, à $0^{fr},60$ le st., $0^{fr},60 \times 240 = 144^{fr}$

2° 2850 fagots, à $1^{fr},10$ par 100, $1^{fr},10 \times \dfrac{2850}{100} = 31^{fr},35$

En tout .... $175^{fr},35$

Ces 4 ouvriers ont fourni ensemble $24 \times 6 = 144$ journées de travail.

Pour 144 journées de travail ils ont reçu $175^{fr},35$

et pour 1 journée — ils recevr. $\dfrac{175^{fr},35}{144} = 1^{fr},217$

Chaque ouvrier gagnait par jour $1^{fr},217$.

61. *Un train de voyageurs qui fait, en moyenne, 39 kilom. $\frac{2}{3}$ par heure, est parti 3 heures $\frac{1}{2}$ après un train de marchandises qui ne fait que 17 kilom. $\frac{3}{4}$; à quelle distance du point de départ ce train de voyageurs atteindra-t-il le train de marchandises ?*

RÉP. 112^{km},432.

Lorsque le train de voyageurs s'est mis en route, le train de marchandises avait déjà parcouru une distance de 17^{km}.

$$\frac{3}{4} \times 3\frac{1}{2} = \frac{71}{4} \times \frac{7}{2} = \frac{497}{8} = 62^{km},125.$$

Pour que le second train atteigne le premier il faut qu'il gagne sur lui 62^{km},125.

En 1 heure il gagne 39^{km}. $\frac{2}{3} - 17\frac{3}{4} = \frac{476}{12} - \frac{213}{12} = \frac{263}{12}$ de kilomètres.

La rencontre des deux trains aura lieu au bout de

$$62\,125 : \frac{263}{12} = \frac{62\,125 \times 12}{263} = \frac{745\,500}{263} \text{ d'heure; et pendant}$$

ce temps le second train aura parcouru, à raison de 39^{km}. $\frac{2}{3}$ par heure,

$$39\frac{2}{3} \times \frac{745\,500}{263} = \frac{119}{3} \times \frac{745\,500}{263} = \frac{119 \times 745.5}{3 \times 263}$$

$$= 112^{km},439.$$

Le point de rencontre sera distant du point de départ de 112^{km},439.

62. *Un marchand possédant 300 pièces de vin, désire acheter avec le produit de leur vente, une maison de 44 850^{fr}. Mais, la vente faite, il constate qu'il n'a pu en retirer qu'une somme telle que, pour acheter la maison, il lui faudrait ajouter à la somme reçue le dixième de cette somme, et en outre 1 950^{fr}.*

On demande de trouver :

1° A quel prix il a vendu chaque pièce de vin;

2° Pendant combien de temps il devra placer le produit de la vente à intérêts simples et à 6 p. 0/0, pour que les intérêts, ajoutés au capital, constituent une somme suffisante pour pyaer le prix de la maison.

-Rép. 1° 130$^{fr.}$; 2° 2 ans $\frac{1}{2}$.

1° De l'énoncé du problème il résulte que le prix du vin plus le $\frac{1}{10}$ c'est-à-dire les $\frac{11}{10}$ de ce même prix valent 44 850$^{fr.}$ —1 950$^{fr.}$ = 42 900$^{fr.}$.

$\frac{1}{10}$ de ce même prix vaut... $\dfrac{42\,900}{11}$

Et les $\frac{10}{10}$ ou le prix des 300 pièces, $\dfrac{42\,900 \times 10}{11} = 39\,000^{fr.}$

Le prix d'une pièce de vin est $\dfrac{39\,000}{300} = 130^{fr.}$

2° Pour payer sa maison, il manque à ce marchand 44 850$^{fr.}$ — 39 000 = 5850$^{fr.}$.

Il s'agit de trouver pendant combien d'années 39 000$^{fr.}$ resteront placés à intérêts simples, à 6 p. °/₀, pour rapporter 5850$^{fr.}$.

6$^{fr.}$ sont rapportés par 100$^{fr.}$ en .. 1 an.

1$^{fr.}$ sera rapporté par 100$^{fr.}$ en... $\dfrac{1^{an} \times 100}{6}$

Et 5850$^{fr.}$ seront rapport. par 39 000$^{fr.}$ en $\dfrac{1^{an} \times 100 \times 5850}{6 \times 39\,000} =$

2 ans $\frac{1}{2}$.

63. *Définir la multiplication de deux fractions.*
Appliquer cette définition à l'exemple suivant :
$\frac{5}{7} \times \frac{3}{8}$, *et démontrer la règle qui donne le produit.*

Peut-on, dans une telle multiplication, intervertir l'ordre des deux facteurs ?

Voir *Arithm.* (nᵒˢ 159 et 162).

64. *Expliquer comment on peut reconnaître quel sera le nombre des chiffres de la partie entière du quotient qui résultera de la division de 306 840 par 127.*

Rép. le quotient aura 4 chiffres.

306.840 est plus petit que $127 \times 10.000 = 1.270.000$,
et plus grand que $127 \times 1.000 = 127.000$.

Le quotient sera donc inférieur à 10.000 qui est le plus petit nombre de 5 chiffres, et plus grand que 1000, qui est le plus petit nombre de 4 chiffres. Le quotient aura donc 4 chiffres.

65. *La poste se charge des envois d'argent moyennant une rétribution égale au $\frac{1}{100}$ des sommes qu'elle transmet, plus 0fr.,25 pour droit fixe de timbre. Si l'on a versé à la poste une somme de 2520fr.,15, quel sera le montant du mandat (ces conditions ne sont plus les mêmes aujourd'hui).*

RÉP. 2494fr.,95.

Si de cette somme on retranche le droit fixe de 0fr.,25, il reste tant pour l'envoi que pour la rétribution perçue 2520fr.,15 — 0fr.,25 = 2519fr.,90.

De l'énoncé du problème, il résulte qu'on verse au bureau de poste, 101fr. pour un envoi de 100fr.

1fr. pour un envoi de $\dfrac{100}{101}$

et 2519fr.,90 — $\dfrac{100 \times 2519fr.,90}{101} = 2494fr.,95.$

Le montant du mandat est de 2494fr.,95
Preuve : montant du mandat 2494fr.,95
rétribution de 1/100..   24fr.,95
timbre fixe...........   0fr.,25
Total.........   2520fr.,15.

66. *Une marchande fait confectionner 5 douzaines $\frac{1}{2}$ de chemises avec de la toile estimée 3fr.,25 le mètre. Il faut 7m.,20 de cette toile pour faire 4 chemises, et l'on paye l'ouvrière 12fr.,60 pour 6 jours de travail. Cette ouvrière fait 9 chemises en 7 jours. On demande ce que coûtent les 5 douzaines $\frac{1}{2}$ de chemises et ce qu'elles devraient être vendues pour que la marchande puisse réaliser un bénéfice de 50fr.,80 sur le tout.*

Rép. 1° 493ᶠʳ·,90 ; 2° 544ᶠʳ·,70.

1° Pour faire 4 chemises, il faut.. 7ᵐ·,20 de toile,

$$\frac{7,20}{4}$$

et 5 douz. $\frac{1}{2}$ ou 66   —   il faudra $\dfrac{7,20\times66}{4}=118^{m},80$

1ᵐ· de toile coûte..... 3ᶠʳ·,25

Les 118ᵐ·,80 coûteront...... 3ᶠʳ·,25$\times$118,80 = 386ᶠʳ·,20

Pour 6 jours de travail, on paye 12ᶠʳ·,60 ; pour 7 jours,

on payera $\dfrac{12^{fr},60\times7}{6}=14^{fr},70$. Conséquemment, la façon

de..... 9 chemises coûte. 14ᶠʳ·,70,

celle de 66   —   coûtera $\dfrac{14,70\times66}{9}=107^{fr},80.$

Ces 5 douzaines $\dfrac{4}{2}$ de chemises coûtent :

1° Pour l'achat de la toile	386ᶠʳ·,10
2° De façon	107ᶠʳ·,80
En tout	493ᶠʳ·,90
2° On veut réaliser un bénéfice de.	50ᶠʳ·,80
Les chemises devraient être vendues . . .	544ᶠʳ·,70

67. *Donner et expliquer les résultats que l'on obtient lorsqu'on augmente de 3 unités les deux termes de la fraction $\frac{5}{7}$, ou bien quand on en multiplie les deux termes par 3.*

Voir *Arithm.* (n°ˢ 140 et 141).

68. *Un propriétaire s'adresse à 3 entrepreneurs pour faire exécuter un certain ouvrage ; les ouvriers du 1ᵉʳ feraient l'ouvrage en 10 jours $\frac{5}{12}$; ceux du 2° en 15 jours et ceux du 3° en 18 jours $\frac{3}{4}$. On emploie la moitié de la 1ʳᵉ troupe, $\frac{1}{3}$ de la 2° et $\frac{1}{4}$ de la troisième. Combien met-*

tront-ils de temps, travaillant ensemble, pour faire l'ou-
vrage?

Rép. **11 j. 10 h.**

En 1 jour, les ouvriers du 1ᵉʳ entrepreneur feraient :

$$1 : 10\frac{5}{12} = 1 : \frac{125}{12} = \frac{12}{125} \text{ de l'ouvrage.}$$

Ceux du second $1 : 15 = \ldots\ldots\ldots \frac{1}{15}$ —

Et ceux du 3ᵐᵉ $1 : 18\frac{3}{4} = 1 : \frac{75}{4} = \frac{4}{75}$ —

Pendant ce même temps, $\frac{1}{2}$ des ouvriers de la 1ʳᵉ compa-

gnie ferait$\ldots\ldots \frac{12}{125} : 2 \ldots\ldots = \frac{6}{125}$ de l'ouvrage.

$\frac{1}{3}$ de la seconde, $\frac{1}{15} : 3 = \frac{1}{15 \times 3} = \frac{1}{45}$ —

et $\frac{1}{4}$ de la 3ᵐᵉ$\ldots \frac{4}{75} : 4 \ldots\ldots = \frac{1}{75}$ —

Et les trois fractions de compagnie, réunies :

$$\frac{6}{125} + \frac{1}{45} + \frac{1}{75} = \frac{54}{1125} + \frac{25}{1125} + \frac{15}{1125} = \frac{94}{1125}$$

Ces trois fractions de compagnie feraient $\frac{94}{1125}$ de l'ou-

vrage en 1 jour, $\frac{1}{1125}$ de l'ouvrage en $\frac{1}{94}$ de jour

et $\frac{1125}{1125}$ ou l'ouvrage entier, en $\frac{1 \times 1125}{94} = 9\text{j. } 10^{\text{h}}.$

En comptant les journées de 12 heures.

69. *Théorie de la division des nombres décimaux sur l'exemple suivant :* 0,660 128 : 0,032.

Voir *Arithm.* (nᵒ 184).

70. *Exposer la partie du système métrique relative aux monnaies.*

Voir *Arithm.* (nᵒˢ 166 et suivants).

71. *On estime qu'il y a en France 240 000 ouvrières employées à faire de la dentelle; la valeur de la production totale s'élève à 65 000 000 de francs; d'autre part, la valeur de la matière première est environ les $\frac{17}{200}$ de la valeur totale : trouver le salaire journalier d'une ouvrière en dentelle qui ne travaille que 300 jours par an.*

RÉP. 0$^{fr.}$,726.

Les frais de confection de la dentelle s'élèvent aux $\frac{100}{100} - \frac{17}{100} = \frac{83}{100}$ du prix de revient, ou à

$$63\,000\,000^{fr.} \times \frac{83}{100} = 52\,290\,000^{fr.}$$

Le gain annuel de l'une des 24 000 ouvrières qui travaillent la dentelle est de,

$$\frac{52\,290\,000^{fr.}}{240\,000} = 217^{fr.},85,$$

ce qui représente, un salaire journalier de

$$\frac{217,85}{300} = 0^{fr.},726.$$

72. *Réduire au plus petit dénominateur commun les fractions suivantes :* $\frac{7}{12}, \frac{5}{8}, \frac{11}{18}.$

Voir *Arithm.* (n° 154).

73. *125$^{m.}$ d'une certaine étoffe ont coûté à un marchand 3000$^{fr.}$; dans cette affaire il veut gagner 15 pour 100. On demande le prix qu'il devra vendre le mètre, et ce qu'il gagnera par mètre.*

RÉP. 1° 27$^{fr.}$,60 ; 2° 3$^{fr.}$,60.

1° Gagner 15 p. °/₀ sur le prix d'achat, c'est revendre 115$^{fr.}$ ce qui a coûté 100$^{fr.}$, ou encore, c'est faire en sorte que le prix de vente soit égal aux $\frac{115}{100}$ du prix d'achat.

3

Conséquemment, prix de vente

des 125^m· d'étoffe, $3000^{fr}·\times\dfrac{115}{100} = 3450^{fr}·$ »

de   1^m.............. $\dfrac{3450}{125} =$ $27^{fr}·,60$

2° Prix d'achat de 1^m...... $\dfrac{3000}{125} =$ $24^{fr}·$ »

Bén. par m. égal à la différence... $3^{fr}·,60$

74. *Réduction des fractions au même dénominateur. Principes sur lesquels repose cette transformation. Exposé de la règle à suivre sur les fractions* $\dfrac{1}{2}, \dfrac{3}{4}, \dfrac{1}{6}, \dfrac{7}{8}$ *et* $\dfrac{9}{12}$.

Voir *Arithm.* (n°s 148 et suivants).

Cette transformation repose sur ce principe que, lorsqu'on multiplie ou qu'on divise les deux termes d'une fraction par le même nombre, elle ne change pas de valeur.

75. *Un libraire s'engage à fournir* $6548^{fr}·$ *de livres, moyennant un rabais de 17 pour 0/0 sur le prix courant des ouvrages qu'on lui demande ; il obtient des éditeurs qu'ils lui donneront 13 volumes pour le prix de 12, et qu'ils lui feront en outre sur le prix courant une remise de 24 pour 0/0, à condition qu'il se chargera du port et du brochage, pour lesquels la dépense doit s'élever à* $2\dfrac{1}{2}$ *pour 100. Quel sera le bénéfice du libraire dans cette opération ?*

RÉP. $798^{fr}·,36.$

La facture du libraire s'élèvera à $6548^{fr}·$, dont on ne payera que les $\dfrac{83}{100}$, puisqu'il consent à un rabais de 17 p. %, ou $\dfrac{6548\times83}{100} = 5434^{fr}·,84.$

Il s'agit de chercher combien le libraire paye ce qu'il vend $5434^{fr}·,84.$

Sur 13 volumes qu'il reçoit, il n'en paye que 12, c'est-à-dire qu'on lui fait, de ce chef, une remise de $\frac{1}{13}$, les éditeurs lui font en outre une remise de 24 p. $^0/_0$. Donc remise totale :

$$\frac{1}{13} + \frac{24}{100} = \frac{100}{1300} + \frac{312}{1300} = \frac{412}{1300} \text{ du prix fort.}$$

Le libraire ne payera aux éditeurs que les $\dfrac{1300-412}{1300} = $

$\frac{888}{1300}$ du prix courant ou $6548^{fr}.\times\frac{888}{1300} = \ldots \quad 4472^{fr}.,78$

A cette somme il convient d'ajouter les frais du brochage à la charge du libraire, qui sont

de $2\frac{1}{2}$ p. $^0/_0$, et s'élèvent à $6548\times\dfrac{2\frac{1}{2}}{100} \ldots \quad 163^{fr}.,70$

Prix de revient des livres. . . . . $\overline{4636^{fr}.,48}$

Ce libraire vend $5434^{fr}.,84$ ce qu'il paye $4636^{fr}.,48$, et réalise ainsi dans cette opération un bénéfice de $5434^{fr}.,84 - 4636^{fr}.,48 = 798^{fr}.,36$.

76. *On donne les deux fractions* $\frac{786}{975}$ *et* $\frac{785}{974}$: *on demande quelle est la plus grande des deux.*

RÉP. On a $\dfrac{786}{975} > \dfrac{785}{979}$.

Pour avoir une unité, il manque à la première fraction

$$\frac{975-786}{975} = \frac{189}{975}$$

à la seconde

$$\frac{974-785}{974} = \frac{189}{974}.$$

On a $\dfrac{189}{974} > \dfrac{189}{975}$, car de deux fractions qui ont même numérateur, la plus grande est celle qui a le plus petit dénominateur : il manque plus à la seconde fraction qu'à la première pour avoir la même quantité, conséquemment on a $\dfrac{786}{975} > \dfrac{785}{974}$.

En simplifiant et en réduisant au même dénominateur, il vient :

$$\frac{786}{975} = \frac{262}{325} = \frac{262\times974}{325\times974} = \frac{255\,188}{316\,550}$$

$$\frac{785}{974} = \frac{785\times325}{974\times325} = \frac{255\,125}{316\,550}$$

$$\text{Différence} = \frac{63}{316\,550}$$

La 1re fraction surpasse la seconde de $\dfrac{63}{316\,550}$

77. *Une pelotte du poids de 11 grammes contient 150 mètres de fil et coûte 0 fr. 15.*

On demande quelle serait la longueur du même fil qu'on pourrait acquérir pour une somme de 2 fr. 35 et quel serait le poids de ce fil.

Rép. 2350m; 172gr. $\dfrac{1}{3}$.

Pour 0fr.,15, on a... 150 mètres ou 11gr. de fil,

— 1fr. on aura $\dfrac{150}{0,15}$ id. $\dfrac{11}{0,15}$ id.

et pour 2fr.,35 — $\dfrac{150\times2,35}{0,15} = 2350$m. de fil

dont le poids sera de.. $\dfrac{11\times2,35}{0,15} = 172$gr. $\dfrac{1}{3}$.

78. *Diviser 568154, par 0,0765 ; énoncer et expliquer la règle à suivre pour obtenir la partie entière du quotient.*

Il faut faire en sorte que le diviseur devienne un nombre entier et opérer comme sur des nombres entiers.

Voir *Arithm.* (n° 185).

79. *On a fondu ensemble 2kg.,25Dg. d'un métal qui ont coûté 43fr.,50, et 5kg.,6Dg. d'un second métal qui ont coûté 27fr. Quel sera le prix d'un kilogramme de l'alliage en supposant qu'il y ait 2 pour 100 de déchet et que la fabrication de l'alliage ait coûté 12fr.?*

Rép. 11$^{fr.}$,92.

Les deux lingots pèsent 2$^{kg.}$,00025+5$^{kg.}$,060=7$^{kg.}$,06025. La fusion de ces deux métaux ayant occasionné un déchet de 2 pour °/₀, l'alliage ne pèse plus que

$$7^{kg.},06025 \times \frac{98}{100} = 6^{kg.},919045.$$

Ces 6$^{kg.}$,919045 d'alliage coûtent d'achat et de fabrication, 43$^{fr.}$,50+27$^{fr.}$+12$^{fr.}$=82$^{fr.}$,50.

Le prix d'un kilog. sera de $\dfrac{82,50}{6,919045} = 11^{fr.},92.$

80. *On pèse un vase une première fois plein d'eau et une seconde fois plein d'huile; le premier poids surpasse le second de 204$^{gr.}$. Trouver, en litres et fractions de litre, le volume du vase, sachant qu'un décilitre d'huile pèse 91$^{gr.}$,5.*

Rép. 2$^{lt.}$,4$^{dl.}$.

1$^{lt.}$ d'eau pèse 1$^{kg.}$; 1$^{dl.}$ d'huile pèse 91$^{gr.}$,5 et 1$^{lt.}$,91$^{gr.}$,5$\times$10=915$^{gr.}$.

Donc un litre d'eau pèse 1000$^{gr.}$—915$^{gr.}$=85$^{gr.}$ de plus qu'un litre d'huile.

Si le vase ne contenait qu'un litre, le premier poids surpasserait le second de 85$^{gr.}$; il y a donc autant de litres dans ce vase, que 85 sont contenus dans 204.

$$\text{ou } \frac{204}{85} = 2^{lt.},4^{dl.}.$$

81. *Un père de famille consacre $\frac{1}{5}$ de son revenu à son logement, les $\frac{3}{8}$ du reste à la nourriture de sa famille, les $\frac{2}{5}$ du nouveau reste à ses vêtements, puis les $\frac{2}{3}$ de ce qui lui reste alors à l'instruction de ses enfants, et enfin le $\frac{1}{4}$ du surplus aux dépenses imprévues. Ses économies, au bout de l'année, sont de 750$^{fr.}$: trouver son revenu et former le budget de ses dépenses.*

Rép. 10 000$^{fr.}$;

1° Les économies de ce père de famille ou 750^{fr}, représentent les $\frac{3}{4}$ du dernier reste. Ce reste est donc de :

$$\frac{750 \times 4}{3};$$

Cette somme est égale au $\frac{1}{3}$ de l'avant dernier reste, c'est-à-dire du 3e reste ; ce reste est de :

$$\frac{750 \times 4 \times 3}{3};$$

Ce reste équivant aux $\frac{3}{5}$ du précédent qui est de :

$$\frac{750 \times 4 \times 3 \times 5}{3 \times 3};$$

Cette somme représente les $\frac{5}{8}$ du premier reste, qui est lui-même les $\frac{4}{5}$ du revenu total : Donc

$$1^{er}\ reste \ldots = \frac{750 \times 4 \times 3 \times 5 \times 8}{3 \times 3 \times 5}$$

$$Revenu\ total = \frac{750 \times 4 \times 3 \times 5 \times 8 \times 5}{3 \times 3 \times 5 \times 4} = 10\,000^{fr}.$$

2° Le budget de cette famille pourra s'établir comme suit :

Montant des recettes...... 10 000^{fr}

Portion du revenu consacrée

au logement....... $10\,000 \times \frac{1}{5} = 2\,000^{fr}$.

à la nourriture $(10\,000 - 2\,000)\frac{3}{8} = 3\,000^{fr}$.

aux vêtements....... $5\,000 \times \frac{2}{5} = 2\,000^{fr}$.

à l'instruction des enf. $3\,000 \times \frac{2}{3} = 2\,000^{fr}$.

dépenses imprévues.. $1\,000 \times \frac{1}{4} = 250^{fr}$.

Total............... 9250^{fr} ci... 9250^{fr}

Différence égale au montant des économies.... 750^{fr}.

82. *Expliquer comment on réduit plusieurs fractions au même dénominateur. Raisonner l'exemple suivant :*

$$\frac{3}{4}, \frac{5}{6}, \frac{7}{9}.$$

Voir *Arithm*. (n°ˢ 146 et suivants).

83. *Trois personnes se partagent inégalement un héritage. La première en a les $\frac{3}{11}$ pour sa part. Les deux autres se partagent le reste, qui est de 3200ᶠʳ· Le deuxième héritier dépense les $\frac{2}{7}$ de sa part, et le troisième les $\frac{4}{5}$ de la sienne; il leur reste alors des sommes égales. On demande quel est l'héritage et quelles sont les parts reçues par chacun des trois héritiers.*

Rép. 1° 4400ᶠʳ·; 2° 1200ᶠʳ·; 1400ᶠʳ·; 1800ᶠʳ·

1° Les $\frac{8}{11}$ de l'héritage font 3200ᶠʳ·

$$\frac{1}{11} \quad - \quad \frac{3200}{8}$$

et les $\frac{11}{11}$ ou l'héritage.... $\frac{3200 \times 11}{8} = 4400$ᶠʳ·

2° La part de la 1ʳᵉ personne a été de $4400 \times \frac{3}{11} = 1200$ᶠʳ·

Après avoir dépensé une partie de leur avoir, il reste à la seconde personne les $\frac{5}{7}$ et à la troisième les $\frac{5}{9}$· Ces deux quantités sont égales et l'on peut écrire :

$$\frac{5}{7} \text{ de la 2° part valent } \frac{5}{9} \text{ de la 3°}$$

les $\quad \frac{7}{7}$ ou la 2° part valent $\frac{5 \times 7}{9 \times 5} = \frac{7}{9}$ de la 3°

Cette troisième portion vaut ses $\frac{9}{9}$; conséquemment $\frac{7}{9} +$

$\frac{9}{9} = \frac{16}{9}$ de la 3° portion valent 3200ᶠʳ· ,

$\dfrac{1}{9}$ de la 3ᵉ portion vaut $\dfrac{3200}{16}$

Donc la seconde pers. a reçu $\dfrac{3200\times 7}{16}=1400^{\text{fr.}}$

la 3ᵉ   — $\dfrac{3200\times 9}{16}=1800^{\text{fr.}}$

Total...... .. $\overline{3200^{\text{fr.}}}$

84. *Diviser 7 436 par 0,29 ; donner le quotient à moins de* $\dfrac{1}{1000}$ *près et expliquer l'opération.*

Voir *Arithm.* (nᵒˢ 85 et suivants).

85. *Au moyen d'une machine, on fabrique 1500 briques par heure. Quel est le poids de briques que l'on peut obtenir par jour avec cette machine, sachant que les dimensions de ces briques sont 0ᵐ25, 0ᵐ14, 0ᵐ06, et que le mètre cube de briques pèse 2170 kilogrammes.*

Rép. 82 026ᵏᵍ·

Supposons que la machine ne travaille que 12 heures par jour, pendant ce temps elle fabriquerait.

$$1500\times 12 = 18\,000 \text{ briques.}$$

Volume de 1 brique $=0,25\times 0,14\times 0,06=0^{\text{m}^3},0021.$

Vol. de 18 000 briques, $0^{\text{m}^3},0021\times 18\,000=37^{\text{m}^3},800$

1ᵐ³, de briques pèse 2170ᵏᵍ·,

37ᵐ³,800 pèseront . . . . . $2170\times 37,8=82\,026^{\text{kg}}\cdot$

86. *Division d'un nombre quelconque, entier ou fractionnaire, par une fraction ; définition, règle, démonstration. Dans quel cas le quotient est-il supérieur au dividende ?*

1° Voir *Arithm.* (nᵒˢ 163 et suivants).

2° Le quotient est supérieur au dividende quand on divise un nombre entier ou fractionnaire par une quantité plus petite que l'unité.

87. *Le métal des cloches est composé de 25 parties de cuivre et de 7 parties d'étain ; le cuivre coûte 2 fr. 75 et l'étain 2 fr. 90 le kilog. Calculer, d'après ces données, la valeur intrinsèque d'une cloche qui pèse 600 kilog. ; calculer aussi le prix de revient de cette cloche, sachant que le déchet qui se produit à la fonte est de 6 pour 100 du métal employé, et que les frais de fabrication peuvent être évalués à 0 fr. 60 pour chaque kilog. mis à la fonte.*

RÉP. 1° 1669$^{fr.}$,6875 ; 2° 2159$^{fr.}$,24.

1° Il faut partager 600$^{kg.}$, poids de la cloche, proportionnellement à 25 et à 7 pour trouver la quantité de cuivre et d'étain qui entre dans sa composition, $25 \times 7 = 32$.

$$\text{Nombre de } ^{kg.} \text{ de cuivre, } \frac{600 \times 25}{32} = 768,45$$

$$- \qquad \text{d'étain, } \frac{600 \times 7}{32} = 131,25$$

La valeur intrinsèque de cette cloche, c'est la valeur qu'elle a par elle-même, sans tenir compte des frais de main-d'œuvre, c'est-à-dire la valeur du métal qu'elle contient.

Prix du cuivre, $2^{fr.},75 \times 468,75 = 1289^{fr.},0625$
    de l'étain, $2^{fr.},90 \times 131,25 = 380^{fr.},625$

Valeur intrinsèque de la cloche... $1669^{fr.},6875$

2° Le déchet qui se produit à la fonte est de 6 p. °/₀, par conséquent on a dû fondre

$$\frac{468^{kg.},75 \times 100}{94} = 498^{kg.},6702 \text{ de cuivre}$$

$$\text{et } \frac{131\ 25 \times 100}{94} = 139^{kg.},6244 \text{ d'étain}$$

En tout...... $638^{kg.},2946$

Prix du cuivre employé $2^{fr.},75 \times 498,6702 = 1371^{fr.},34$
Prix de l'étain $2^{fr.},90 \times 139,6244 = 404^{fr.},92$
Frais de fabrication $0^{fr.},60 \times 638,2946 = 382^{fr.},98$

    Prix de revient de la cloche...... $2159^{fr.},24$

88. *On met en souscription, au profit des inondés, un meuble valant 1700$^{fr.}$ On demande : 1° le nombre de billets émis ; 2° la valeur de chacun d'eux, sachant qu'en mettant le billet à 3$^{fr.}$,50 on perdrait autant qu'on y gagnerait en le mettant à 5$^{fr.}$?*

3.

RÉP. 1° 400 billets ; 2° 4fr.,25.

Supposons que la valeur du meuble soit comprise entre 3fr.,50 et 5fr., que l'on n'émette qu'un seul billet ; pour que les conditions du problème restassent les mêmes, il faudrait que cette valeur fût $\dfrac{3,50 + 5}{2} = 4$fr.,25 et aussi celle du billet.

Pour que le montant de la souscription représente la valeur du meuble, il faudra émettre autant de billets à 4fr.,25, que 4fr.,25 sont contenus dans 1700 ou :

$$\frac{1700}{4,25} = 400 \text{ billets.}$$

Autre solution :
Le nombre des billets ne varie pas quel que soit le prix d'émission. Soit x ce nombre.
Le montant de la souscription serait

à 3fr.,50 le billet   3fr.,50 $\times x$
à 5fr.   —   5fr. $\times x$

D'après l'énoncé du problème on peut écrire l'égalité,
1700fr. $- 3,5 x = 5 x - 1700$fr. d'où l'on tire
$$8,5 x = 3400 \text{fr.}$$
$$\text{et } x = \frac{3400}{8,5} = 400.$$

Preuve :
400 billets à 3fr.,50 font 3fr.,50 $\times 400 = 1400$fr.
400   —   à 5fr.   —   5fr. $\times 400 = 2000$fr.
1700fr. $- 1400$fr. $= 300$fr.
2000fr. $- 1700$fr. $= 300$fr.

89. *Comment décompose-t-on un nombre en ses facteurs premiers ? — Expliquer l'opération sur le nombre 5060. — Décomposer le nombre 15 400 en ses facteurs premiers. Trouver, à l'aide de ces facteurs premiers, le plus grand commun diviseur entre 15 400 et 5060.*

RÉP. P. g. c. d., 220.

1° et 2°, Voir *Arithm.* (n° 121).
2° $15400 = 2^3 \times 5^2 \times 7 \times 11$.
4° $15400 = 2^3 \times 5^2 \times 7 \times 11$; $5060 = 2^2 \times 5 \times 11 \times 23$.
P. G. C. D. entre 15 400 et 5060 est : $2^2 \times 5 \times 11 = 220$.

Voir *Arithm.* (n°° 119 et suivants).

90. *Une institutrice, pendant la présente année, reçoit un traitement de 650ᶠʳ·, on lui retient 5 pour 100 sur son traitement mensuel; elle dépense par trimestre pour son entretien complet, 116ᶠʳ·,50 et fait à sa mère, une rente de 75ᶠʳ· par an. Calculer le montant des économies qu'elle réalisera.*

Rép. 66ᶠʳ·,50.

On retient à cette institutrice les 5 p. 0/0 ou les $\frac{5}{100}$ de son traitement, il lui en reste les $\frac{95}{100}$ ou

$$650^{fr.} \times \frac{95}{100} = \ldots\ldots\ldots\ldots\ldots\ 617^{fr.},50$$

Elle dép. pour son entretien 117ᶠʳ·50 × 4 = 466ᶠʳ·
Elle fait à sa mère une rente annuelle de   75ᶠʳ·

A déduire de son traitement . . . $\overline{551^{fr.}}$ ci 551ᶠʳ·
Montant des économies qu'elle réalisera . . . .   66ᶠʳ·,50

91. *Prendre les* $\frac{3}{4}$ *des* $\frac{5}{6}$ *des* $\frac{7}{8}$ *de 8940 et expliquer le procédé à suivre.*

Rép. 4889 $\frac{1}{16}$.

Tout produit se compose du multiplicande comme le multiplicateur se compose de l'unité; ainsi, prendre les $\frac{7}{8}$ de 8940, c'est multiplier 8940 par $\frac{7}{8}$.

Les $\frac{7}{8}$ de 8940. . . . $= 8940 \times \frac{7}{8}$;

les $\frac{5}{6}$ de ce produit $= \left(8940 \times \frac{7}{8}\right)\frac{5}{6}$ et les $\frac{3}{4}$ de ce dernier résultat. . . . $= \left(8940 \times \frac{7}{8} \times \frac{5}{6}\right)\frac{3}{4} =$

$$8940 \times \frac{7}{8} \times \frac{5}{6} \times \frac{3}{4} = 4889 \frac{1}{16}.$$

Il suffit de multiplier le nombre entier par le produit des fractions données.

92. *Multiplier 9070 par 803 et donner la théorie de la multiplication des nombres entiers.*

Voir *Arithm.* (n° 46).

93. *Un chemin de fer prend 0ᶠʳ·,097 pour conduire une tonne de charbon à 1ᵏᵐ· de distance. Combien prendrait-il pour conduire 28 275ʰˡ· de charbon à 15ᵐʸʳ·,3ᵏᵐ·, sachant que l'hectolitre de charbon pèse 82ᵏᵍ·?*

Rép. 34 409ᶠʳ·,60.

1ʰˡ· de charbon pèse 82ᵏᵍ·.
28 275ʰˡ·×28 275=2 318 550ᵏᵍ·=2 318ᵗ·550.
Pour transporter 1ᵀ· à 1ᵏᵐ· on paye 0ᶠʳ·,097.
—   1ᵀ· à 15ᴹᵐ·,3 ou 153ᵏᵐ· on payera
0ᶠʳ·,097×153, et pour transporter à cette distance 2 318ᵀ·55
on payera 0ᶠʳ·,097×153×2 318,55 = 34 409ᶠʳ·,60.

94. *Titre : Définition. — Titres des monnaies d'or et d'argent. — Titres pour les ouvrages d'or et d'argent.*

Voir *Arithm.* (n°ˢ 275 et suivants).

95. *Une somme de 2100ᶠʳ· doit être partagée entre trois personnes : la part de la première doit être les $\frac{2}{3}$ de celle de la seconde, la part de la seconde les $\frac{4}{5}$ de celle de la troisième.*
Combien revient-il à chaque personne?

Rép. 480ᶠʳ·; 720ᶠʳ·; 900ᶠʳ·.

Si la troisième personne recevait 1ᶠʳ·, la seconde recevrait
$\frac{4}{5}$ de franc et la 3ᵉ les $\frac{2}{3}$ de $\frac{4}{5}$ ou $\frac{4}{5}×\frac{2}{3}=\frac{8}{15}$ de franc.

Il reste à partager 2100ᶠʳ· proportionnellement à 1, $\frac{4}{5}$ et
$\frac{8}{15}$ ou à $\frac{15}{15}$, $\frac{12}{15}$ et $\frac{8}{15}$, ou bien encore à **15,** 12 et 8; **15 +**
12 + 8=35.

$$\text{Il revient à la 1}^{\text{re}}\text{ personne..} \quad \frac{2100\times8}{35}=480^{\text{fr}\cdot}$$

$$\text{à la seconde...} \quad \frac{2100\times12}{35}=720^{\text{fr}\cdot}$$

$$\text{à la 3}^{\text{e}}\text{........} \quad \frac{2100\times15}{35}=900^{\text{fr}\cdot}$$

$$\text{Total......} \quad \overline{2100^{\text{fr}\cdot}}$$

96. *En souscrivant, le 22 juillet, une obligation de la ville de Paris, au prix de 465 francs, on paye immédiatement 125 francs et le reste tous les six mois, en trois termes de 110 francs, 110 francs et 120 francs.*

On est admis à libérer l'obligation avec le premier terme. Quelle sera la somme à payer, si la ville fait un escompte de 6 pour 100. A quel taux place-t-on son argent, si cette obligation rapporte, tous les six mois, une somme de 9$^{\text{fr}\cdot}$,25, impôts déduits ?

RÉP. 4$^{\text{fr}\cdot}$,15 p. 0/0 environ.

On paye 125$^{\text{fr}\cdot}$ immédiatement et les 465$^{\text{fr}\cdot}$—125$^{\text{fr}\cdot}$=340$^{\text{fr}\cdot}$ restants comme suit : 110$^{\text{fr}\cdot}$ dans 6 mois, 110$^{\text{fr}\cdot}$ dans 12 mois et 120$^{\text{fr}\cdot}$ dans 18 mois.

Cherchons la valeur actuelle du premier payement, c'est-à-dire la somme que le souscripteur devrait verser aujourd'hui pour se libérer de ce paiement.

100$^{\text{fr}\cdot}$ en 12 mois rapportent 6$^{\text{fr}\cdot}$

$$100^{\text{fr}\cdot}\text{ en 6 mois} \quad — \quad \frac{6\times6}{12}=3^{\text{fr}\cdot}\text{, et deviendraient}$$

au bout de ce temps 100+3=103$^{\text{fr}\cdot}$

103$^{\text{fr}\cdot}$ pay. dans 6 mois val. aujour. 100$^{\text{fr}\cdot}$

$$110^{\text{fr}\cdot} \quad — \quad \text{6 mois} \quad — \quad \frac{100\times110}{100+3}=106^{\text{fr}\cdot}\text{,}796$$

Le même raisonnement ferait voir que pour

$$\text{s'acq. auj. du 2}^{\text{me}}\text{ pay., on verserait} \quad \frac{100\times110}{100+6}=103^{\text{fr}\cdot}\text{,}773$$

$$\text{et du 3}^{\text{me}} \quad — \quad \frac{100\times120}{100+\left(6\times\dfrac{18}{12}\right)}=110^{\text{fr}\cdot}\text{,}091$$

$$\text{Valeur actuelle des 3 versements......} \quad \overline{320^{\text{fr}\cdot}\text{,}660}$$

La val. act. d'une oblig. est de $125 + 320,66 = 445^{fr.},66$.
Ces $445^{fr.},66$ rapportent en 6 mois.... $9^{fr.},25$ d'intérêt.

$$1^{fr.} \text{ rapporte en 1 mois} \ldots \ldots \frac{9,25}{446,66 \times 6}$$

$$\text{et } 100^{fr.} \text{ rapporteraient en 12 mois } \frac{9,25 \times 100 \times 12}{446,66 \times 6} = 4^{fr.},15.$$

En souscrivant à cet emprunt on place son argent au taux $4^{fr.},15$ p. %.

97. *Trouver la valeur d'un kilogramme d'or pur, sachant que les frais de fabrication de l'or monnayé sont fixés par la loi à $6^{fr.},70$ le kilogramme.*

RÉP. $3437^{fr.}$

$1^{kg.}$ d'or monnayé, vaut $3100^{fr.}$ et contient $1 \times 0,9 = 900$ grammes d'or pur. Présentés au change ces 900 gr. ont une valeur de $3100^{fr.} - 6^{fr.},70$

$$1 \text{ gr. a une valeur de } \frac{3100^{fr.} - 6^{fr.},70}{900}$$

$$\text{et } 1000^{g.} \text{ ou } 1^{k.} \text{ d'or pur, une de } \frac{(3100 - 6^{fr.},70)1000}{900} = 3437^{fr.}$$

98. *Transformer en fractions décimales les fractions suivantes*

$$\frac{1}{3}, \quad \frac{1}{5}, \quad \frac{1}{15}.$$

A quelles sortes de fractions décimales donnent-elles lieu ?

A quoi tiennent les différences ?

$$\frac{1}{3} = 0,333\ldots;$$

$$\frac{1}{5} = 0,2;$$

$$\frac{1}{15} = 0,0666\ldots;$$

La 1re de ces fractions donne lieu a une fraction périodique simple : les deux termes étant premiers entre eux et le dénominateur ne contenant ni le facteur 2 ni le facteur 5.

La seconde est exactement réductible en décimales : le dénominateur ne contenant que le facteur 5.

La 3me se traduit par une fraction périodique mixte ; c'est-à-dire que la période ne commence pas immédiatement après la virgule ; les deux termes étant premiers entre eux et le dénominateur contenant d'autres facteurs que 5 et 2.

Voir *Arithm.* (n°s 188, 196, 201, 202).

99. *On a fait fondre dans un même creuset 10 pièces de 5 francs et 25 pièces de 1 franc. On demande le titre de l'alliage ainsi obtenu.*

Rép. 0,881.

10 p. de 5^{fr}. pès. 25×10=250^{gr}. et cont. $250×\dfrac{9}{10}=225^{g}$.

20 p. de 1^{fr}. pès. 5×20=100^{gr}. et con. $100×\dfrac{835}{1000}=83^{g}5$

les 30 pièces de mon. pèsent 350^{gr}. et contiennent... 308^{g}5

On sait que le titre d'un alliage s'obtient en divisant le poids du métal fin qu'il contient par son poids total.

Donc titre de l'alliage, $\dfrac{308,5}{350}=0,881$ environ.

100. *Partager* 64 813 *en trois parties telles que la* 1re *soit les* $\dfrac{3}{11}$ *de la* 2e, *et que la* 2e *soit les* $\dfrac{15}{17}$ *de la* 3e.

Rép. 7346,56 ; 26 937,40 ; 30 529,05.

La 3me partie étant 1, la seconde serait $1×\dfrac{15}{17}=\dfrac{15}{17}$ et la 1re, les $\dfrac{3}{11}$ de $\dfrac{15}{17}$ ou $\dfrac{15}{17}×\dfrac{3}{11}=\dfrac{45}{187}$.

Il reste à partager 64 813 proportionnellement à 1, $\dfrac{15}{17}$ et $\dfrac{45}{187}$ ou à $\dfrac{187}{187}$, $\dfrac{165}{187}$ et $\dfrac{45}{185}$ ou encore à 187, 165 et 45 ; 187+165+45=397.

$$\text{La 1}^{\text{re}}\text{ partie sera de } \frac{64\,813\times45}{397} = 7\,346,56$$

$$\text{La seconde de} \ldots \frac{64\,813\times165}{397} = 26\,937,40$$

$$\text{La troisième de} \ldots \frac{64\,813\times187}{397} = 30\,529,05$$

$$\text{Total} \ldots \overline{64\,813,01}$$

101. *Un marchand achète une certaine quantité d'o-ranges, un tiers à 0 fr. 10 pièce, un autre tiers à 0 fr. 15 pièce, et le reste à 0 fr. 25 pièce; il les revend toutes au prix de 0 fr. 25 pièce, et il fait ainsi un bénéfice de 20 fr. 50. On demande combien il avait acheté d'oranges.*

Rép. 246.

Si ce marchand n'avait acheté que 3 oranges,
il les aurait payées $0^{\text{fr.}},10+0,15+0,25\ldots\ldots=0^{\text{fr.}},50$
et revendues $0^{\text{fr.}}.25\times3\ldots\ldots\ldots\ldots\ldots=0^{\text{fr.}},75$
    Bénéfice sur 3 oranges$\ldots\ldots\ldots\ldots\overline{0^{\text{fr.}},25}$
Ce marchand avait acheté autant de fois 3 oranges que $0^{\text{fr.}},25$ sont contenus dans $20^{\text{fr.}},50$, son bénéfice total, c'est-à-dire

$$\frac{3\times20,50}{0,25} = 246 \text{ oranges.}$$

102. *Soustraire $4\frac{7}{9}$ de $6\frac{1}{4}$, et convertir la différence en nombre décimal, en expliquant les opérations néces-saires.*

Rép. 0,47622...;

$$1^{\circ}\ 6\frac{1}{4}-4\frac{7}{9}=6\frac{9}{36}-4\frac{28}{36}=1\frac{17}{36}, =\frac{53}{36}.$$

Pour effectuer cette soustraction, je convertis les frac-tions $\frac{1}{4}$ et $\frac{7}{9}$ au même dénominateur, puis, la fraction du nombre inférieur étant plus grande que celle du nombre supérieur, je réduis une unité de ce nombre supérieur en $36^{\text{èmes}}$ que j'ajoute à la fraction $\frac{9}{36}$ et il vient $5\frac{45}{36}-4\frac{28}{36}$ opération qui ne présente aucune difficulté.

2°. Une fraction ou une expression fractionnaire n'est autre chose qu'une division indiquée pour convertir la différence, $\frac{53}{36}$, en nombre décimal, il suffit d'effectuer la division de 53 par 36.

$$\frac{53}{36}=1.\ \frac{17}{36}=1.\ 47222\ldots;$$

La fraction $\frac{17}{37}$ donne lieu à une fraction périodique mixte. Cette fraction sera périodique parce que les deux termes étant premiers entre eux, le dénominateur contient d'autres facteurs que 2 et 5, et elle sera mixte et aura deux chiffres à la partie non périodique, parce que 36, outre le facteur 3, contient encore deux fois le facteur 2.

Voir *Arithm.* (n°ˢ 188 et 202).

103. *Combien faut-il allier de grammes d'un lingot d'or au titre de 0,920 avec un autre lingot au titre de 0,770 pour avoir 1ᵏᵍ· d'un troisième lingot au titre de 0,860?*

Rép. 0ᵏᵍ·,600ᵍʳ· à 0,920 et 0ᵏᵍ·,400 à 0,860.

Je fais la différence entre le titre moyen et les deux autres titres, puis je dispose les calculs comme suit :

$$\begin{array}{ccc} 0,920 & & 90 \\ & 0,860 & \\ 0,770 & & 60 \end{array}$$

En prenant, pour faire cet alliage, 90ᵏᵍ· au titre 0,90, on perd,

$$0^{kg},060\times90;$$

puis 60ᵏᵍ·, au titre 0,770, on gagne :

$$0^{kg},090\times60.$$

Mais, $0^{kg},060\times90=0^{kg},090\times60$, d'où l'on voit, qu'en faisant l'alliage dans la proportion 90 à 60, ou de 9 à 6, ou encore de 3 à 2, la perte compensera le gain.

L'alliage se fera dans la proportion de 3ᵏᵍ· à 0,920 pour 2ᵏᵍ· à 0,770 c'est-à-dire que pour avoir :

$2+3=5^{kg}$ à 0,860 on prendra 3ᵏᵍ· à 0,920 et 2ᵏᵍ· à 0,770

et $\qquad$ 1ᵏᵍ· à 0,860 $\qquad$ — $\qquad \dfrac{3^{kg}}{5}$ à 0,920 et $\dfrac{2}{5}$ $\quad$ —

ou $\dfrac{3}{5} = 0^{kg.},600$ au titre $0,920$ et $\dfrac{2}{5} = 0^{kg.},400$ au titre $0,770$

Preuve :

$0^{kg.},600$ à $0,920$ cont. $0,600 \times 0,920 = 0^{kg.},552$ d'or pur

$0^{kg.},400$ à $0,770$ — $0,400 \times 0,770 = 0^{kg.},308$ —

et $\overline{1^{kg.},000}$ de cet alliage contiendra $\overline{0^{kg.},860}$ —

dont le titre sera $\dfrac{0,860}{1} = 0,860$.

104. *Un vase plein d'eau pure à 4° pèse $9^{kg.},67$; plein d'un liquide dont le poids est les 0,91 de celui de l'eau, il pèse $9^{kg.},266$. On demande : 1° quelle est sa capacité; 2° quelle sera son poids quand il sera vide ?*

RÉP. 1° $4^{lt.},488$; 2° $5^{kg.},182$.

1° $1^{lt.}$ d'eau pèse $1^{kg.}$ ou $1000^{gr.}$.

$1^{lt.}$ du second liquide pèse $1^{kg.} \times 0,91 = 0^{kg.},910$.

Si ce vase ne contenait qu'un litre, la seconde pesée ne serait que de $1\,000^{gr.} - 910^{gr.} = 90^{gr.}$ inférieure à la première.

La différence des pesées est de $9^{kg.},670 - 9^{kg.},266 = 0^{kg.},404$.

Ce vase contient autant de litres que 0,90 sont contenus de fois dans 0,414, c'est-à-dire $\dfrac{0,404}{0,90} = 4^{lt.},488$.

2° L'eau pure contenu dans le vase pèse $4^{kg.},488$, et le vase vide pèse $9^{kg.},670 - 4^{kg.},488 = 5^{kg.},182$.

105. *En admettant qu'un hectolitre de blé pèse $75^{kg.}$, que $3^{hl.}$ $12^{cl.}$ de blé fournissent $157^{kg.}$ de farine et que $157^{kg.}$ de farine donnent 51 pains de $4^{kg.}$, on demande combien on peut tirer de farine et de pain de $1^{kg.}$ de blé; combien il faut de blé et de farine pour produire $1^{kg.}$ de pain; combien le blé perd de son poids pour 100 en passant à l'état de farine et de pain?*

RÉP. 1° $0^{kg.},697$ et $0,906$; 2° $1^{kg.},103$ et $0,769$; 3° $30,25$ p. %; 3° $9,32$ p. %.

1° 1 hectolitre de blé pèse 75^{kg}.

et 3^{hl},0012 — 75 $\times$ 3,0012 $=$ 225^{kg},09.

Ces 225^{kg},09 de blé donnent 157^{kg} de farine,

et 4^{kg} $\times$ 51 $=$ 204^{kg} de pain.

1^{kg} de blé donnera

$$\frac{157}{225,09} = 0^{kg},697 \text{ de farine,}$$

et $$\frac{204}{225,09} = 0^{kg},907 \text{ de pain.}$$

2° Pour faire 204^{kg} de pain, il faut 225^{kg},09 de blé et 157^{kg} de farine.

Pour faire 1^{kg} de pain, il faudra

$$\frac{225,09}{204} = 1^{kg},103 \text{ de blé,}$$

et $$\frac{157}{204} = 0^{kg},769^{gr} \text{ de farine.}$$

3° Sur 225^{kg},09 de blé, passant à l'état de farine, on perd.. 225^{kg},09 — 157^{kg} $=$ 68^{kg},09.

Sur 1^{kg}, on perdra.. $$\frac{68,09}{225,09}$$

et sur 100^{kg}, — $$\frac{68,09 \times 100}{225,09} = 30,25 \text{ p. } ^0/_0.$$

Sur 225^{kg},09 de blé passant à l'état de pain, on perd 225,09 — 21^{kg},09,

sur 1^{kg} on perd $$\frac{21^{kg},09}{225,09}$$

et sur 100^{kg}. — $$\frac{21,09 \times 100}{225,09} = 9^{kg},32.$$

106. *Faire connaître les mesures agraires, multiples et sous-multiples. Leurs valeurs. Longueur des côtés.*

Voir *Arithm., Système métrique* (n°s 240 et suivants).

107. *Trouver l'intérêt simple d'une somme de 17 040^{fr} pour 3 ans et 5 mois, le taux étant 6 pour 100. Tirer des raisonnements une règle pratique.*

RÉP. 3493^{fr},20.

$100^{\text{fr.}}$ en 1 an ou 12 m. rap. $6^{\text{fr.}}$

$1^{\text{fr.}}$ en $\dfrac{1}{12}$ d'année rappor. $\dfrac{6\times\dfrac{1}{12}}{100}$

et $17\,040^{\text{fr.}}$ en 3ª. 5ᵐ. ou $\dfrac{41}{12}$ rapp. $\dfrac{6\times\dfrac{41}{12}\times17\,040}{100}=3493^{\text{fr.}},20$

Pour trouver l'intérêt simple d'un capital quelconque pour un certain nombre d'années ou de mois, on multiplie le taux par le temps et par le capital et on divise par 100.

108. *Quelles sont les mesures de capacité et quel est le rapport de chacune de ces mesures au mètre cube ?*

Voir *Système métrique* (nᵒˢ 257 et suivants).

109. *Pour faire une chemise d'enfant, il faut 1^{m}.,90 de toile ; la façon revient à $1^{\text{fr.}}$,85. Un marchand doit faire confectionner 2 douzaines et demie de chemises en toile à $1^{\text{fr.}}$,55 le mètre, il espère les revendre $8^{\text{fr.}}$,20 la pièce : combien gagnera-t-il ?*

Rép. $116^{\text{fr.}}$,15.

Une chemise d'enfant coûtera d'achat, $1^{\text{fr.}}$,55 × 1,90 = $2^{\text{fr.}}$,945 ; de façon $1^{\text{fr.}}$,85, en tout $2^{\text{fr.}}$,945 + $1^{\text{fr.}}$,85 = $4^{\text{fr.}}$,795 et 2 douz. 1/2 ou 30 chem. coûteront $4^{\text{fr.}}$795 × 30 = $143^{\text{fr.}}$85 si ce marchand les revendait . . . $8^{\text{fr.}}$,20 × 30 = $260^{\text{fr.}}$

Il gagnerait $260^{\text{fr.}}$ — $143^{\text{fr.}}$,85 = $\overline{116^{\text{fr.}}15}$

110. *Démontrer que de deux nombres dont l'un précède immédiatement et dont l'autre suit immédiatement un nombre premier, autre que 2 et 3, il y en a toujours un divisible par 6.*

En effet, tout nombre premier est un nombre impair ; celui qui le précède et celui qui le suit immédiatement, sont des nombres pairs. Ces trois nombres sont consécutifs ; l'un d'eux est nécessairement divisible par 3 ; ce ne peut être que l'un des deux nombres pair. Mais alors ce nombre, divisible à la fois par 2 et par 3, premiers entre eux, l'est par leur produit 2 × 3 = 6, c. q. f. d.

111. *La planète Jupiter a quatre satellites : Le 1ᵉʳ accomplit sa révolution autour de la planète en 42ʰ·; le 2ᵉ l'accomplit en 85ʰ·; le 3ᵉ en 172ʰ·; enfin le 4ᵉ l'accomplit en 400ʰ·.*

On demande dans combien de temps ces quatre satellites se retrouveront à la fois dans les mêmes situations relatives qu'ils occupent aujourd'hui ?

On devra dire d'ailleurs, combien de révolutions chacun d'eux accomplira d'ici là.

RÉP. 1° 6 140 400ʰ·; 146 200 ; 72 240 ; 35 700 ; 15 351.

1° Le plus petit nombre d'heures, à la fois divisible par 42, 85, 172 et 400 indique le temps demandé, c'est-à-dire, l'époque à laquelle le même phénomène se reproduira. La question revient à trouver le p. p. m. c. à 41, 84, 172 et 400.

$$42 = 2 \times 3 \times 7$$
$$85 = 5 \times 17$$
$$172 = 2^2 \times 43$$
$$400 = 2^4 \times 5^2$$

P. p. m. c. cherché est $2^4 \times 5^2 \times 3 \times 7 \times 17 = 6\,140\,400$. Le nombre d'heures demandé est 6 140 400 ; 2° et d'ici-là

le 1ᵉʳ satellite accomplirait $\dfrac{6\,140\,400}{42} = 146\,200$ révolutions

le second $\dfrac{6\,140\,400}{85} = 72\,240$ —

le 3ᵉ $\dfrac{6\,140\,400}{172} = 35\,100$ —

et le 4ᵉ $\dfrac{6\,140\,400}{400} = 15\,351$ —

112. *Démontrer le principe sur lequel repose la réduction des fractions au même dénominateur.*

Voir *Arithm.* (n° 140).

113. *Deux trains partent de Marseille, l'un à 8 heures du matin, l'autre à 11 heures, pour venir à Paris : le premier fait 36 kilomètres à l'heure, le second 48. A quelle distance de Paris et à quelle heure se rencontreront-ils ? La distance de Marseille à Paris est de 857ᵏᵐ.*

Rép. 1° 8ʰ· du soir ; 2° 425ᵏᵐ· de Paris.

1° Quand le second train part, le premier est en marché depuis 3 heures et a une avance de 36ᵏᵐ·×3=108ᵏᵐ·

En 1 heure, le 2ᵉ train gagne sur le 1ᵉʳ, 48—36=12ᵏᵐ·

Pour gagner 108ᵏᵐ· il mettra $\frac{108}{12}=9$ʰ·

La rencontre aura lieu 9 heures après le départ de ce second train, c'est-à-dire à 8 heures du soir.

Et à une distance de

48ᵏᵐ·×9=432ᵏᵐ· de Marseille

2° Et de 857—432=425ᵏᵐ· de Paris.

114. *Expliquer, en donnant des exemples, la multiplication des nombres décimaux.*

Voir *Arithm.* (n° 182).

115. *Un marchand offre de vendre de l'huile d'olives, dont le litre pèse 920 grammes, soit à raison de 3ᶠʳ· le litre, soit à raison de 3ᶠʳ·,50 le kilogramme, au gré de l'acheteur : on demande quel est le mode le plus avantageux.*

Rép. C'est l'achat au litre.

1ˡⁱᵗ· ou 920ᵍʳ· d'huile coûte 3ᶠʳ·

1ᵍʳ· coûtera.... $\frac{3}{920}$

et 1ᵏᵍ· ou 1000ᵍʳ· coûteront.. $\frac{3\times1000}{920}=3$ᶠʳ·,26.

Le mode le plus avantageux est l'achat au litre, et l'huile est vendue 3ᶠʳ·,50—3ᶠʳ·,26=0ᶠʳ·,24 meilleur marché.

116. *Une montre avance de 5 minutes par jour ; elle diffère maintenant de l'heure véritable de 3 heures 40 minutes. Dans combien de jours marquera-t-elle l'heure exacte ?*

Rép. 100 jours.

Pour que cette montre marque à nouveau la même heure, il faut qu'elle avance de tout le tour du cadran ou de 12 heures.

Elle a déjà une avance de $3^h,40^m$, il lui reste à gagner une avance de $12^h - 3^h,40^m = 8^h,20^m$.

Il s'écoulera autant de jours que 5^m sont contenues dans $8^h.20$ ou $\dfrac{8^h,20^m}{5^m} = \dfrac{500^m}{5} = 100$ jours avant que cette montre indique l'heure exacte.

117. *Même problème en supposant que la montre avance chaque jour de 5 minutes plus $\frac{1}{4}$ de minute.*

Rép. $95^j. 5^h. \dfrac{5}{7}$.

Si cette montre avance de $5^m. \frac{1}{4}$ en un jour, pour marquer à nouveau l'heure véritable, elle sera autant de jours que $5^m. \frac{1}{4}$ sont contenus dans $8^h,20^m$ ou

$$\frac{8^h,20^m}{5\frac{1}{4}} = \frac{500}{5\frac{1}{4}} = \frac{500 \times 4}{21} = \frac{2000}{21} = 95^j. 5^h. \frac{5}{7}.$$

118. *Un marchand vend une pièce de toile en 3 fois; le 1er coupon est les $\frac{2}{7}$ de la pièce; le 2e est formé des $\frac{4}{5}$ du reste; et le 3e qui a une longueur de 8 mètres est vendu 22^{fr}. Il fait dans chacune de ces ventes un bénéfice de 10 pour 100. On demande : 1° combien de mètres contenait la pièce; 2° le prix de vente total; 3° le prix d'achat.*

Rép. 1° 56^m; 2° 1232^{fr}; 3° 1120^{fr}.

1° Le 1er coupon vaut les $\frac{2}{7}$ de la pièce, le 2me les $\frac{4}{5}$ des $\frac{5}{7}$ restants ou $\frac{5}{7} \times \frac{4}{5} = \frac{4}{7}$, et le 3me, $\frac{1}{7}$ de la pièce ou 8^m.

La pièce totale contenait $8 \times 7 = 56$ mètres.

2° Le prix de vente total, à 22^{fr} le mètre est de $22 \times 56 = 1232^{fr}$.

3° Il fait un bénéfice de 10 p. %, c'est-à-dire que ce qu'il revend 110$^{fr.}$ a été acheté 100$^{fr.}$

$$1^{fr.} \quad - \quad \frac{100}{110}$$

$$\text{et } 1232^{fr.} \quad - \quad \frac{100 \times 1232}{110} = 1120^{fr.}$$

119. *Exposer le système légal des poids et mesures et montrer comment toutes les mesures dérivent du mètre.*

Voir *Arithm., Système métrique.*

120. *L'hectolitre de pommes de terre pèse environ 80$^{kg.}$, et le $\frac{1}{2}$ quintal vaut 3$^{fr.}$,25. Calculer d'après cela la valeur de la récolte d'une terre de 1$^{ha.}$ 37^a 83$^{ca.}$ ensemencée en pommes de terre, sachant que le rendement a été de 104$^{lt.}$ 65 par are.*

Rép. 750$^{fr.}$,04.

Sur 1 are de terrain on a récolté 104$^{lt.}$,65 de pommes de terre.

Sur 1$^{ha.}$ 37^a,85 ou 137^a,85, on a récolté 104,65 $\times$ 137,85 = 14 423$^{lt.}$,90 = 144$^{hl.}$,239.

1$^{hl.}$ pèse 80$^{kg.}$

144$^{hl.}$,239   —   80 $\times$ 144,239 = 11 539$^{kg.}$,12 = 115^q,3912.

$\frac{1}{2}$ quintal vaut 3$^{fr.}$,25 ; 1 quintal, 3$^{fr.}$,25 $\times$ 2 = 6$^{fr.}$,50

et 115^q,3912 valent 6$^{fr.}$,50 $\times$ 115,3912 = 750$^{fr.}$,04

121. *On sait que la vitesse moyenne d'un bœuf de labour est de 0^m,65 par seconde. Quel temps faudra-t-il employer pour labourer un champ ayant 375 mètres de long et 137 mètres de large ; la largeur des raies étant de 0^m,35 ?*

Rép. 62^h,49^m,13^s ou 5J.$\frac{1}{4}$ environ.

Pour labourer ce champ, on fera $\frac{137^m.}{0,35} = 391$ sillons $\frac{3}{7}$ ou plutôt 392.

Chaque sillon ayant une longueur de 375^m·, les 392 ensemble auront $375 \times 392 = 147\,000^m$·

Pour parcourir ces 147 000^m·, à raison de 0^m·,65 par seconde, ce bœuf mettra $\dfrac{147\,000}{0,65} = 226\,153^s$· $= \dfrac{226\,153}{60} =$ 3769^{min}·,13^s· $= \dfrac{3769^m·,13^s·}{60} = 62^h·,49^m·,13^s· = 5^j· \dfrac{1}{4}$ environ en supposant la journée de 12 heures de travail.

122. *Réduire la fraction* $\dfrac{72}{108}$ *à sa plus simple expression ; indiquer les divers moyens qu'on peut employer. Sur quel principe s'appuie-t-on ?*

RÉP. $\dfrac{3}{4}$. Voir *Arithm.* (n°s 143, 146 et 140).

123. *Quelle est la capacité d'un verre qui pèse vide* 125^{gr}· *et plein d'eau* 400^{gr}· ?

RÉP. 0^{lt}·,275.

1^{gr}· est le poids de 1$^{cm^3}$ d'eau. L'eau contenue dans ce vase pèse 400^{gr}·—125^{gr}·$=$275^{gr}· et a un volume de 275$^{cm^3}$ ou de 0^{lt}·,275.

124. *La moutarde blanche rend 32 pour 100 d'huile et la moutarde noire 16 pour 100 seulement. Dans une fabrique on a obtenu avec* 3220^{kg}· *de graines des deux espèces* 755^{kg}·,2 *d'huile. Combien a-t-on employé de kilogrammes de graines de chaque espèce et combien y avait-il de kilogrammes d'huile de l'une et de l'autre?*

RÉP. 1° 1500^{kg}·, 1720^{kg}· ; 2° 480^{kg}·, 275^{kg}·,2.

1° Si l'on n'avait employé que de la moutarde blanche on aurait obtenu $3220 \times \dfrac{32}{100} = 1030^{kg}·,4$ d'huile, c'est-à-dire un excédant de 1030^{kg}·,4 — 755^{kg}·,2$=$275^{kg}·,2.

1^{kg}· de moutarde blanche donne $1 \times \dfrac{32}{100} = 320^{gr}·$ d'huile

1^{kg}· — noire seulement moitié ou 160^{gr}·, c'est-à-dire 160^{gr}· en moins.

Chaque fois qu'on remplace 1^{kg} de la 1re sorte, par 1^{kg} de la seconde, l'excédant 275^{kg},2 diminuerait de 160^{gr}.

On a donc employé $\dfrac{275^{kg},2}{0^{kg},160} = 1720^{kg}$ de moutarde noire,

et $3220^{kg} - 1720 = 1500^{kg}$ de moutarde blanche.

$2°$ 1720^{kg} de m^{de} n^{re} ont f. $1720 \times \dfrac{10}{100} = 275^{kg}$,2 d'huile

1500^{kg} —   bl. — $1500 \times \dfrac{32}{100} = 480^{kg}$ —

et $\overline{3220^{kg}}$ des deux sortes, ensemble.. $\overline{755^{kg},2}$ d'huile

125. *Combien a-t-on dépensé pour 3 douzaines 1/2 de chemises de toile, sachant que la toile coûte 3^{fr},05 le mètre et qu'on obtient une remise de 4 pour 100; qu'il faut $3^m 09$ de toile pour une chemise et que sa façon revient à 2^{fr},80 ?*

RÉP. 497^{fr},60.

Pour faire 3 douzaines 1/2 de chemises, il faut $3^m 09 \times 42 = 119^m 78$ de toile. Cette toile a coûté, prix fort, $3^{fr} 05 \times 129,78 = 395^{fr}$,829, et avec la remise de 4 p. 0/0 seulement

$395^{fr} 829 \times \dfrac{96}{100} =$ . . . . 380^{fr}.

On paye en plus pour la façon, à raison de 2^{fr},80 par chemise, 2^{fr},80 $\times 42 =$ . . . . 147^{fr},60

On a dépensé en tout. . . . . $\overline{497^{fr},60}$

126. *Additionner les fractions $\dfrac{5}{7}$, $\dfrac{3}{4}$ et 0,345.*

RÉP. $1\dfrac{1133}{1400}$.

$0,345 = \dfrac{345}{1000} = \dfrac{69}{200}$; je réduis les fractions $\dfrac{5}{7}$, $\dfrac{3}{4}$, $\dfrac{69}{200}$ au même dénominateur, puis j'additionne et il vient successivement :

$$\dfrac{5}{7} + \dfrac{3}{4} + \dfrac{69}{200} = \dfrac{1000}{1400} + \dfrac{1050}{1400} + \dfrac{483}{1400} = \dfrac{2533}{1400} = 1\dfrac{1133}{1400}.$$

127. *Expliquer la formation de la table de Pythagore.*

Voir traité *d'Arithmétique.*

128. *Partager 6 490ᶠʳ· entre quatre personnes sous les conditions suivantes :*

La première aura 100ᶠʳ· de plus que la seconde ; la seconde 240ᶠʳ· de plus que la troisième ; la troisième 350ᶠʳ· de plus que la quatrième. Quelle sera la part de chaque ?

RÉP. 1905ᶠʳ· ; 1805ᶠʳ· ; 1565ᶠʳ· ; 1215ᶠʳ·

La 3ᵉ aura de plus que la 4ᵉ		350ᶠʳ·
La 2ᵉ —	350 + 240 =	590ᶠʳ·
et la 1ʳᵉ —	590 + 100 =	690ᶠʳ·
Total		1630ᶠʳ·

La somme à partager, 6420ᶠʳ·, vaut 4 fois la part de la 4ᵉ personne, plus 1630ᶠʳ·

$$1 \text{ fois cette part vaut } \frac{6429 - 1640}{4} = 1215^{fr\cdot}$$

Part de la 3ᵉ personne, 1215 + 350 =	1565ᶠʳ·
de la seconde, 1215 + 590 =	1805ᶠʳ·
de la 1ʳᵉ, 1255 + 690 =	1905ᶠʳ·
Total des 4 parts.	6420ᶠʳ·

129. *Exposer ce que devient une fraction :*

1° Lorsqu'on ajoute ou qu'on retranche un même nombre à ses deux termes ;

2° Lorsqu'on multiplie ou que l'on divise ses deux termes par un même nombre.

Démonstration de ces principes sur la fraction $\frac{9}{12}$.

Voir (nᵒˢ 141-140).

130. *Trois personnes ont mis chacune une certaine somme dans une spéculation. La mise de la deuxième est 0,74 de celle de la première ; celle de la troisième est 0,50 de celle de la deuxième. Elles ont fait un bénéfice de 263 fr. 50, qui représente 20 pour 100 du capital engagé. Trouver ce qu'il revient de ce bénéfice à chacune, et le capital engagé.*

Rép. 1° 124$^{fr.}$, 93$^{fr.}$, 46$^{fr.}$,50 ; 2° 1317$^{fr.}$,50.

1° La mise de la 1re étant de 1$^{fr.}$, celle de la 2e serait de 0$^{fr.}$,75, et celle de la 3e de 0$^{fr.}$,75 $\times$ 0,50 = 0$^{fr.}$,375. Il reste à partager le bénéfice, 263$^{fr.}$,50 proportionnellement à 1$^{fr.}$, 0$^{fr.}$,75 et 0$^{fr.}$,375 ou à 1000,750 et 375, ou encore à 8, 6, 3 ; 8 + 6 + 3 = 17.

Part de bénéfice de la 1re personne $\dfrac{263,50 \times 8}{17} = 124^{fr.}$

de la 2e — $\dfrac{263,50 \times 6}{17} = 93^{fr.}$

de la 3e — $\dfrac{263,50 \times 3}{17} = 46^{fr.},50$

Total . . . 263$^{fr.}$,50

2° Ce bénéfice équivaut aux $\dfrac{20}{100}$ du capital engagé.

Ce capital est donc $\dfrac{263,50 \times 100}{20} = 1317^{fr.},50$.

131. *On a recueilli par souscription 1195 fr. pour faire un tapis destiné à une chapelle. Ce tapis formera un carré de 7 mètres de côté. On doit le broder sur du canevas qui a une largeur de 0^m,70 et qui coûte 2 fr. 80 le mètre. On peut couvrir 0^{mq},04 de ce canevas avec un écheveau de laine coûtant 0 fr. 48. Le prix du canevas et de la laine forme les $\dfrac{14}{17}$ de la dépense totale. Ce prix une fois soldé, il reste une somme que l'on partage également entre les jeunes filles des deux ouvroirs qui ont fait le travail. Il y a 25 ouvrières dans le premier et 29 dans le second. Quelle somme recevra chaque ouvroir ?*

Rép. 112$^{fr.}$,50 ; 130$^{fr.}$,50.

La surface du tapis sera de 7^m $\times$ 7^m = 49^{m2}.

1^m de canevas a une surface de 1^m $\times$ 0^{m}07 = 0^{m2}7.

Pour fabriquer ce tapis il faudra :

1° $\dfrac{49^{m2}}{0,7} = \dfrac{490}{7} = 70^m$ de canevas.

2° Autant d'écheveaux que 0^{m2}04 sont contenus de fois dans la surface du tapis, ou $\dfrac{49}{0,04} = \dfrac{4900}{4} = 1225$.

Et on dépensera :

1° Pour l'achat du tapis à 2^{fr},80 le m., 2^{fr},80 $\times$ 70 = 196^{fr}.

2° Pour les écheveaux à 0^{fr},48,   0^{fr},48 $\times$ 1225 = 588^{fr}.

En tout . . . . . . $\overline{784^{fr}}$

Cette somme représente les $\dfrac{14}{17}$ de la dépense totale, la-

quelle sera de $\dfrac{784 \times 17}{14} = 952^{fr}$. Il reste à distribuer aux

deux ouvroirs 1195^{fr}.—952^{fr}.= 243^{fr}. qu'il faut partager proportionnellement à 25 et à 29, nombres d'ouvrières qu'ils occupent respectivement ; 25 + 29 = 54.

Le 1er ouvroir a reçu $\dfrac{243 \times 25}{54} = 112^{fr}$,50

Et le second. . . . $\dfrac{243 \times 29}{54} = 130^{fr}$,50

Total. . . $\overline{243^{fr}}$

132. *Démontrer qu'un nombre décimal ne change pas de valeur quand on écrit ou que l'on supprime un nombre quelconque de zéros sur sa droite.*

Voir *Arithm.* (n° 177).

133. *Un négociant a payé* 5761^{fr},75 *pour l'achat de* 78 *hectolitres* 60 *d'une première qualité de vin, et de* 104 *hectolitres* 50 *de vin d'une deuxième qualité. On sait que l'hectolitre de la deuxième qualité coûte* 5^{fr},20 *de plus que l'hectolitre de la première. On demande :* 1° *le prix de l'hectolitre de chaque qualité ;* 2° *le bénéfice que réalise le négociant en revendant le tout au prix de* 35^{fr}. *l'hectolitre.*

Rép. 1° 28^{fr},50, 33^{fr},70 ; 2° 646^{fr},75.

1° Le marchand a acheté en tout 78^{hl},60 + 104,50 = 183^{hl},10 de vin. Si tout ce vin était de la 1re qualité, il ne coûterait que 5761^{fr},75 — (5^{fr},20 $\times$ 104,50) = 5761^{fr},75 — 543^{fr},40 = 5218^{fr},35, c'est-à-dire qu'on l'aurait acheté à rai-

son de $\dfrac{5218^{fr},34}{183,10} = 28^{fr}$,50 l'hectolitre de 1re qualité. Donc le prix de l'hectolitre 2me qualité, a été de 28,50 + 5^{fr},20 = 33^{fr},70.

4.

Ce négociant a revendu son vin :

$$35^{fr.} \times 183,10 = 6408^{fr.},50$$

Il l'avait acheté. . . . . . . 5761^{fr.},75

Bénéfice réalisé. . . . .   646^{fr.},75

134. *Indiquer comment le litre et le gramme se rattachent au mètre. Démontrer la correspondance qui existe entre le litre et le gramme.*

Donner la liste des poids en fonte et en cuivre.

Voir *Arithm. Système métrique.*

135. *On achète 2 coupons de toile de même longueur pour faire 3 douzaines $\frac{1}{2}$ de chemises à raison de $3^m,25$ par chemise. Avant de couper la toile, on la met dans l'eau, puis on la fait sécher. On constate alors que les deux coupons n'ont plus que $56^m,70$ et $54^m,90$.*

On demande quelle est la perte subie pour 100, et sur la longueur et sur la largeur, sachant que la toile a coûté $315^{fr.},90$.

Rép. $18^{fr.},24$.

Pour faire 3 douzaines 1/2 ou 42 chemises, il faut, à raison de $3^m,25$ par chemise, $3^m,25 \times 42 = 136^m,50$ de toile.

Après avoir mouillé cette toile, il n'en reste plus que $56^m,70 + 54^m,90 = 111^m,60$ et on a perdu $136^m,50 - 111^m,60 = 24^m,90$ de toile.

Les $136^m,50$ de toile valent $315^{fr.},90$

$$\text{et } 1^m, = \frac{315,90}{136,50} = 2^{fr.},314$$

On a donc fait une perte de $2^{fr.},314 \times 24 = 57^{fr.},6186$

Sur $315^{fr.};90$ on a perdu $57^{fr.},6186$

$$\text{Sur} \qquad 1^{fr.} = \frac{57,6186}{315,90}$$

$$\text{Et sur} \qquad 100^{fr.} = \frac{57,6186 \times 100}{315,90} = 18^{fr.},24$$

La perte p. %, s'élève à $18^{fr.},24$.

136. *Une épicière gagne $\frac{3}{25}$ dans ses ventes. Elle a* acheté 11^{kg} d'une qualité de café à 4^{fr},50 le kilog. et 7^{kg} d'une autre qualité à 1^{fr},90 le demi-kilog. Elle torréfie ensemble tout ce café qui diminue alors d'un sixième.

 On demande quel poids de café moulu elle donnera pour 0^{fr},10.

RÉP. 17^{gr},61.

Les 11^{kg} de café à 4^{fr},50 le kg. coût. 4,50×11 = 49^{fr},50
Les 7^{kg} — à 1^{fr},90 le 1/2 kg. c. 1,90×2×7= 26^{fr},60
et les 18^{kg} du mélange . . . . 76^{fr},10

Cette épicière gagne $\frac{3}{25}$ dans ses ventes, c'est-à-dire que ce qu'elle achète 25^{fr} est revendu 28, ou bien que le prix de vente est égal aux $\frac{28}{25}$ du prix d'achat.

Le prix de vente de ses 18^{kg} de café sera de $\dfrac{76^{fr},10 \times 28}{25}=$ 85^{fr},232.

Après la torréfaction des 18^{kg} de café, il n'en reste plus que les $\frac{5}{6}$, ou $18 \times \frac{5}{6}=15^{kg}$.

Pour 85^{fr},232 on a. . . . . ,   15^{kg} de café,
Pour 0^{fr},10 on aura. . . . . . . $\dfrac{15 \times 10}{85,232 \times 100}=17^{gr},61.$

137. De quelle fraction en moins ou en plus varie la fraction $\frac{8}{9}$ quand on ajoute son dénominateur aux deux termes.

RÉP. La fraction obtenue surpasse $\frac{8}{9}$ de $\frac{1}{18}$.

$\frac{8+9}{9+9}=\frac{17}{18}$; la fraction $\frac{17}{18}$ ne différant de l'unité que de $\frac{1}{18}$ est plus grande que la fraction $\frac{8}{9}$ qui en diffère de $\frac{1}{9}$, et elle surpasse celle-ci de

$$\frac{1}{9}-\frac{1}{18}=\frac{2}{18}-\frac{1}{18}=\frac{1}{18}.$$

138. *On retranche 3 de chaque terme de la fraction* $\frac{7}{9}$. *Comparer cette fraction à celle que l'on obtient.*

Rép. $\frac{7-3}{9-3}=\frac{4}{6}=\frac{2}{3}$; $\frac{7}{9}$ et $\frac{2}{3}=\frac{7}{9}$ et $\frac{6}{9}$.

La seconde fraction est inférieure à la première de

$$\frac{7}{9}-\frac{6}{9}=\frac{1}{9}.$$

139. *Une somme de 2 800fr. a donné 160fr. d'intérêt au taux de 4 1/2 pour 100. Pendant combien de temps a-t-elle été placée ? Vérifier.*

Rép. 254 jours.

100fr. en 360 jours rapportent 4fr.,50

1fr. en 1 jour rapporte.. $\dfrac{4,50}{100\times360}$

et 2 800fr. en 1 jour rapportent $\dfrac{4,50\times2800}{100\times360}=0$fr.,63.

Pour rapporter 160fr. d'intérêt, à 4fr.,50 p. %, la somme de 2 800fr. est restée placée $\dfrac{160}{0,63}=253$j. 96 ou 254 jours.

Vérification :

1fr. en 1 jour rapporte $\dfrac{4,50}{100\times360}$

et 2 800fr. en 254 j. rapporteront $\dfrac{4,50\times2800\times254}{100\times360}=160$fr.02.

140. *Expliquer la division sur l'exemple suivant*

Diviser 45673 par 1300 et calculer le quotient à $\frac{1}{2}$ *millième près.*

Voir *Arithm.* (n°* 73 et 185).

141. *Une pièce d'étoffe avait 50 mètres ; on en a vendu le* $\frac{1}{4}$ *puis les* $\frac{2}{5}$ *du reste. Combien en reste-t-il ?*

Rép. 22^m50.

On a vendu le $\frac{1}{4}$ de 50 mètres, puis les $\frac{2}{5}$ des $\frac{3}{4}$ restants;

il reste donc les $\frac{3}{5}$ de ces $\frac{3}{4}$ ou $\frac{3}{4} \times \frac{3}{5} = \frac{9}{20}$ ou encore,

$$50^m \times \frac{9}{20} = \frac{45}{2} = 22^m50 \text{ d'étoffe.}$$

142. *Comment fait-on la soustraction des nombres entiers accompagnés de fractions ? Quels sont les cas particuliers qui peuvent se présenter ?*

Voir *Arithm.* (n° 155).

143. *Quel est le nombre dont les $\frac{13}{20}$ surpassent le $\frac{1}{4}$ de 7 entiers et $\frac{1}{2}$?*

Rép. 18,75.

Les $\frac{13}{20}$ de ce nombre surpassent son $\frac{1}{4}$ de ses $\frac{13}{20} - \frac{1}{4} =$

$\frac{13}{20} - \frac{5}{20} = \frac{8}{20} = \frac{2}{5}$.

Les $\frac{2}{5}$ de ce nombre valent $7\frac{1}{2}$ ou $\frac{15}{2}$.

$\frac{1}{5}$ vaut . . . . $\frac{15}{2 \times 2}$.

et le nombre lui-même . . . . . $\frac{15 \times 5}{2 \times 2} = \frac{75}{4} = 18,75$.

144. *Énoncer et démontrer le caractère de divisibilité d'un nombre par 9. Application à la preuve par 9 de la multiplication de deux nombres entiers.*

Voir *Arithm.* (n°˙ 92 et 96).

145. *Un marchand vend des grains pour la somme de 2475^{fr}, et gagne 10 pour 100 sur le prix d'achat. Combien a-t-il payé ces grains ?*

Rép. 2250^{fr}.

Ce marchand gagne 10 p. % sur le prix d'achat, c'est-à-dire que ce qu'il rev. 110$^{fr.}$ il l'a acheté 100$^{fr.}$

$$- \quad 1^{fr.} \quad - \quad \frac{100}{110}$$

$$\text{et } 2475^{fr.} \quad - \quad \frac{100 \times 2475}{110} = 2250^{fr.}$$

Ce marchand avait payé ses grains 2250$^{fr.}$

146. *Expliquer la décomposition d'un nombre en ses facteurs premiers. On raisonnera sur le nombre 360. Dresser le tableau de tous les diviseurs de 360, tant premiers que non premiers.*

Voir *Arith.* (n°s 121, 123 et 124).

147. *On forme une pile de bois de chauffage; les bûches ont 1$^{m.}$,137 de long; la pile a une longueur de 8$^{m.}$,50. Quelle doit être sa hauteur, pour qu'elle contienne 24$^{st.}$ de bois?*

RÉP. 2$^{m.}$,48.

Le volume de cette pile de bois, 24$^{m³.}$, est le produit de la surface (1$^{m.}$,137$\times$8$^{m.}$,50) par la hauteur demandée. Quand on connaît un produit de 2 facteurs et l'un d'eux pour trouver l'autre facteur, on divise le produit par le facteur connu.

Hauteur de la pile de bois, $\dfrac{24}{1.137 \times 8.50} = 2^{m.},48.$

148. *Donner la définition générale de la multiplication et de la division des nombres et l'appliquer à la multiplication et à la division des fractions ordinaires.*

Voir *Arith.* (n°s 156÷163).

149. *Une feuille de zinc, dont la densité est 0,20, pèse 1$^{kg.}$,926. On propose d'en calculer le volume.*

RÉP. 9$^{dm³.}$,630.

La densité du zinc est de 0,20, c'est-à-dire qu'un décimètre cube de zinc pèse 1$^{kg.}$$\times$0,20$=0^{kg.}$,20.

Le volume de 1^{kg},926 de zinc est donc de

$$1^{dm^3} \times \frac{1,926}{0,2} = 9^{dm^3},630.$$

150. *Démontrer que le produit de plusieurs facteurs ne change pas quand on intervertit l'ordre de ces facteurs. Diverses applications de ce principe.*

Voir *Arithm.* (n° 54).

151. *On propose de partager* 34 000 *francs entre* 4 *personnes, de manière que la part de la* 1re *soit les* $\frac{4}{5}$ *de celle de la* 2e, *que celle de la deuxième soit les* $\frac{7}{4}$ *de celle de la* 3e, *que celle de la* 3e *soit les* $\frac{3}{2}$ *de la* 4e.

RÉP. 9882^{fr},348 ; 12352^{fr},935 ; 7058^{fr},82 ; 4705^{fr},88.

Si la 4me personne recevait 1^{fr}, la part de la 3me serait de $\frac{2}{3}$ de franc ; celle de la 2me de $\frac{3}{2} \times \frac{7}{3} = \frac{21}{8}$, et celle de la première de $\frac{21}{8} \times \frac{4}{5} = \frac{21}{10}$.

Il reste à partager 34 000^{fr} proportionnellement aux quantités 1 $\frac{3}{2}$, $\frac{21}{8}$, et $\frac{21}{10}$ ou à $\frac{40}{40}$, $\frac{60}{40}$, $\frac{105}{40}$, $\frac{84}{40}$ ou encore à 40, 60, 105 et 84 ; $40 + 60 + 105 + 84 = 289$.

$$\text{La } 1^{re} \text{ personne recevra } \frac{34\,000 \times 84}{289} = 9882^{fr},348$$

$$\text{La } 2^{me} \quad - \quad \frac{34\,000 \times 105}{289} = 12352^{fr},935$$

$$\text{La } 3^{me} \quad - \quad \frac{34\,000 \times 60}{289} = 7058^{fr},82$$

$$\text{Et la } 4^{me} \quad - \quad \frac{34\,000 \times 40}{289} = 4705^{fr},88$$

$$\text{Total}\ldots\ldots\ 33\,999^{fr},983$$

152. *Expliquer la règle que l'on suit pour multiplier 879 par 437.*

Voir *Arithm.* (n° 46).

153. *On fond ensemble trois lingots d'argent. Le premier au titre de 0,900 pèse 800 grammes, le deuxième au titre de 0,750 pèse 700 grammes, le troisième au titre de 0,700 pèse 900 grammes. Calculer avec 5 décimales le titre du lingot résultant. Quel poids de cuivre faut-il ajouter à ce quatrième lingot pour l'amener au titre de 0 600 ?*

RÉP. 1° 0,77250 ; 2° 690gr. de cuivre.

1° Le 1er ling. pèse 800gr. et cont. $800 \times 0,9 = 720$gr. d'arg.
Le 2me ...... 700gr. — $700 \times 0,72 = 504$gr. —
Le 3me ...... 900gr. — $900 \times 0,7 = 630$gr. —
Les 3 ling. pès. $\overline{2400}$gr. et contiennent... $\overline{1854}$gr. —
On obtient le titre d'un alliage en divisant la quantité d'argent pur qu'il contient par son poids total.

$$\text{Titre de l'alliage} = \frac{1854}{2400} = 0,77250.$$

2° Ce lingot, ramené au titre 0,600, contiendra toujours la même quantité d'argent, et cette quantité, 1854 grammes, sera les 0,6 de cet alliage.

$$\text{Les } \frac{6}{10} \text{ de l'alliage font } 1854\text{gr.}$$

$$\frac{1}{10} \quad - \quad \text{fait} \quad \frac{1854}{6}$$

$$\text{Et} \quad \text{les } \frac{10}{10} \text{ ou l'alliage,} \quad \frac{1854 \times 10}{6} = 3090\text{gr.}$$

Conséquemment il faudra ajouter $3090 - 2400 = 690$gr. de cuivre.

154. *Simplification des fractions : 1° procédé des divisions successives ; utilité de la connaissance des caractères de divisibilité ; 2° procédé du plus grand commun diviseur. Utilité de cette simplification.*

Voir *Arithm.* (n°s 146, 108, 102).

155. *Déterminer la circonférence de la lune, sachant qu'elle est les $\frac{3}{11}$ de celle de la terre.*

RÉP. $10\,909\,090^{\text{m}}\cdot\frac{10}{11}$.

La terre a $40\,000\,000$ de mètres de circonférence. La circonférence de la lune, qui est les $\frac{3}{11}$ de celle de la terre, est donc de $40\,000\,000\times\frac{3}{11}=10\,909\,090^{\text{m}}\cdot\frac{10}{11}$.

156. *Expliquer la division des fractions sur l'exemple $\frac{3}{4}:\frac{5}{7}$, et montrer pourquoi le quotient est plus grand que le dividende.*

1° Voir (n° 165).

2° Le quotient sera plus grand que le dividende $\frac{3}{4}$. En effet, si le diviseur était l'unité, le quotient serait égal au dividende $\frac{3}{4}$. Le diviseur étant plus petit que l'unité, le quotient sera plus grand que le dividende, plus grand que $\frac{3}{4}$.

157. *Une ménagère achète $5^{\text{kg}}\!,320$ de groseilles pour faire des confitures. Ces groseilles fournissent $\frac{4}{7}$ de leur poids de jus, et ce jus est mêlé à un poids égal de sucre à l'état de sirop. Le mélange est ensuite chauffé et clarifié, ce qui lui fait perdre $\frac{3}{152}$ de son poids. L'opération terminée, la confiture est mise dans des pots de $0^{\text{lt}}\!,149$ de capacité. On demande combien on pourra remplir de ces pots, sachant que le litre de confiture pèse autant que $1^{\text{lt}}\!,25$ d'eau.*

RÉP. 32 pots.

Le poids du jus qu'on extrait des groseilles ajouté à un

égal poids de sucre donne une somme équivalente aux $\frac{8}{7}$ de 5^{kg},320, c'est-à-dire à 5^{kg},320 $\times \frac{8}{7} = 6^{kg}$,08.

Ce mélange perd les $\frac{3}{152}$ de son poids par le chauffage et par la clarification, il n'en reste plus que les $\frac{149}{152}$ ou

$$6^{kg},08 \times \frac{149}{152} = 5^{kg},96.$$

$1^{lt.}$ de confiture pèse 1^{kg},25, un pot de confiture ou $0^{lt.}$,149 pèse $1.25 \times 0.149 = 0^{kg}$,18 625.

Avec 5^{kg},96 de confiture on pourra remplir $\dfrac{5.96}{0.18\,625} =$ 32 pots.

158. *Faire la multiplication de* $28\frac{2}{3}$ *par* $12\frac{5}{8}$, *d'abord avec les fractions ordinaires, puis avec des fractions décimales équivalentes à un centième près, et comparer les deux produits.*

Rép. 1° $361\frac{11}{12}$; 2° 361, 6 892.

Ces deux produits diffèrent de $\frac{1}{4}$ environ.

1° $28\frac{2}{3} \times 12\frac{5}{8} = \frac{86}{3} \times \frac{101}{8} = \frac{8\,686}{24} = \frac{4\,343}{12} = 361\frac{11}{12}$.

2° $28\frac{2}{3} = 28,66$; $12\frac{5}{8} = 12,62$; $28,66 \times 12,62 = 361,6892$.

Les produits $361\frac{11}{12}$ et 361,6892 ne diffèrent que par leurs parties fractionnaires, que je compare après réduction au même dénominateur.

$$\frac{11}{12} - 0,6892 = \frac{11}{12} - \frac{6\,892}{10\,000} = \frac{110\,000}{120\,000} - \frac{82\,704}{120\,000} =$$
$$\frac{27\,296}{120\,000} = \frac{3\,412}{15\,000} = \frac{853}{3\,750}.$$

Les produits obtenus diffèrent de la fraction $\dfrac{853}{3750}$ ou de $\dfrac{1}{4}$ environ.

159. *Quel capital représente un titre de rente de 520^{fr.} en 5 pour 100 acheté au cours de 95^{fr.},85 ? Quel bénéfice réalisera l'acheteur, s'il revend son titre au cours de 99^{fr.},40 ?*

> Rép. 1° 9968^{fr.},40 ; 2° 354^{fr.},47.

1° Ce titre représ. un cap. de $95^{fr.},85 \times \dfrac{520}{5} =$ 9968^{fr.},40

2° au cours 99^{fr.},40 ce titre serait revendu

$99^{fr.},40 \times \dfrac{520}{5} \cdot \ldots \cdot \ldots \cdot \ldots \cdot = $ 10337^{fr.},60

Bénéfice brut réalisé . . . . $\overline{\text{369}^{fr.}\text{,20}}$

duquel il convient de déduire :

1° Le timbre qui est de . . . . . . 1^{fr.},80

2° Le courtage de $10337^{fr.}.60 \times \dfrac{1}{800} =$ 12^{fr.},92

En tout . . . $\overline{14^{fr.},73}$ ci   14^{fr.},73

Bénéfice net. . . $\overline{354^{fr.},47}$

160. *Une rentière a placé les $\dfrac{5}{6}$ de sa fortune à $4\dfrac{1}{2}$ pour 100 par an, elle touche 304^{fr.},20 d'intérêt à la fin de chaque année. Calculer le montant de sa fortune entière.*

> Rép. 8112^{fr.}.

Une rente de   4^{fr.},50 suppose 100^{fr.} de capital

—   1^{fr.}   — $\dfrac{100}{4,50}$

et un revenu de 304^{fr.},20 suppose $\dfrac{100 \times 304,20}{4,50} =$ 6760^{fr.}.

Les $\dfrac{5}{6}$ de sa fortune sont de. . . . . . 6760^{fr.}

$\dfrac{1}{6}$ —   sera de. . . . . $\dfrac{6760}{5}$

et les $\dfrac{6}{6}$ ou le montant de la fortune, de $\dfrac{6760 \times 6}{5} =$ 8112^{fr.}.

161. *Une personne brûle chaque jour les $\frac{3}{4}$ d'un sac de charbon du poids de 19^{kg}; 7^{hl} de charbon coûtent 26^{fr}, et l'hectol. de charbon pèse 82^{kg}. Combien cette personne dépense-t-elle pour son chauffage depuis le 1er novembre jusqu'au 1er avril?*

RÉP. 97^{fr},46.

1^{hl} de charbon pèse . . . . 82^{kg}.

7^{hl} —   pèseront . . . . . 82$^{kg} \times 7 = 574^{kg}$.

Ces 574^{kg} de charbon coûtent. . . . . . 26^{fr}.

1^{kg} —   coûtera. . . . . . $\dfrac{26}{574}$.

En 1 jour, cette pers. consomme $19^{kg} \times \frac{3}{4} = 14^{kg}$,25 de ch.

Du 1er novembre au 1er avril, c'est-à-dire en $30 + 31 + 31 + 28 + 31 = 151$ jours, elle consommera

$$14^{kg},25 \times 151 = 2151^{kg},75 \text{ de charbon.}$$

2151^{kg},75, à $\dfrac{26^{f}}{574}$ le kg., coûtent $\dfrac{26}{574} \times 2151,75 = 97^{fr},46$.

Cette personne dépenserait pour son chauffage, pendant le temps indiqué, 97^{fr},46.

162. *Combien faut-il de pièces de 5^{fr} en argent pour faire équilibre à un vase contenant 2^{lit},86^{cent} d'eau pure à 4 degrés centigr. et qui pèse vide 640^{gr}?*

RÉP. 140 pièces.

2^{lit},86 d'eau à 4° centigrade pèsent 2^{kg},86 ou 2860^{gr}. Le vase plein pèse 2860^{gr} + 640^{gr} = 3500^{gr}.

Une pièce de 5^{fr} pèse 25^{gr}.

Pour faire équilibre à ce vase plein d'eau, il faut

$$\frac{3500}{25} = 140 \text{ pièces de } 5^{fr}.$$

163. *Diviser $\frac{5}{6}$ par 2. Expliquer.*

Voir *Arithm.* (n° 164).

164. *On a acheté une pièce de terre de* 3^ha. 7^a.,14^ca. *à raison de* 42^fr. *l'are. Combien faut-il revendre le mètre carré de ce terrain pour gagner sur le tout* 4225^fr.?

RÉP. 0^fr.,534.

1^a. à coûté 42^fr.; 3^ha.,72^a.,14 ou 372^a.,14 ont coûté 42^fr.$\times$
372,13 = ... 15 629^fr.,88
On veut gagner, en revendant ce terrain,   4 225^fr.
conséquemment les 372^a.,14^ca. ou 37 214^ca. ou
encore 37214^m² seront revendus . . . . . . 19 854^fr.,88

et 1^m², $\dfrac{19\ 854^{fr.} \cdot 88}{37\ 214} = 0^{fr.},534.$

165. *Une somme placée pendant* 7 *mois est devenue capital et intérêts* 24 266^fr.; *au bout de* 32 *mois, elle est devenue* 25 536^fr. *Quelle était la somme placée et à quel taux?*

RÉP. 1° 24 038^fr.,40 ; 2° 2^fr.,336.

1° L'intérêt de cette somme, pour 32^m, — 7^m = 25 mois, est évidemment de 25 536^fr. — 24 366 = 1170^fr., pour 1 mois de $\dfrac{1\ 170}{25}$ et pour 7 mois, de $\dfrac{1\ 170 \times 7}{25} = 327^{fr.},60.$

La somme placée est donc de 24 366^fr. — 327^fr.,60 = 24 038^fr.,40 ;
2° 24 038^fr.,40 en 7^m rapport.   327^fr.,60

$$1^{fr.} \quad - \quad 1^m \quad - \quad \dfrac{327^{fr.},60}{24\ 038,40 \times 7}$$

$$et \quad 100^{fr.} \quad - \quad 12^m \quad - \quad \dfrac{327,60 \times 10 \times 12}{24\ 038,40 \times 7} = 2^{fr.},336$$

Le taux demandé est 2^fr.,336.

166. *Les deux aiguilles d'une montre se trouvent au même point du cadran, entre* 5 *heures et* 6 *heures. Dire l'heure exacte.*

RÉP. 5 heures 27^m. $\dfrac{2}{11}$.

On sait qu'en 1 heure, la grande aiguille parcourt 60 — 5 = 55 divisions du cadran de plus que la petite aiguille; que l'intervalle compris entre deux rencontres consécutives des aiguilles est égal au temps que met la grande aiguille pour gagner sur la petite, 60 divisions, c'est-à-dire $\frac{60}{55}=1^h.\frac{1}{11}$; qu'il y a de midi à minuit autant de rencontres que 12 contient $1^h.\frac{1}{11}$, ou $12:\frac{12}{11}=11$ rencontres, et que, conséquemment l'intervalle, évalué en divisions du cadran, qui sépare deux rencontres consécutives est égal à $60:11=5^d.\frac{5}{11}$.

L'heure demandée sera le plus grand multiple de $5\frac{5}{11}$ contenu dans 30, nombre de divisions compris entre midi et minuit, $30:5\frac{5}{11}=30:\frac{60}{11}=\frac{30\times 11}{60}=5\frac{1}{2}$.

Ce plus grand multiple est :

$$5\frac{5}{11}\times 5=25^d.\frac{25}{11}=27^d.\frac{2}{11}$$

ou 27 minutes $\frac{2}{11}$ de minute.

L'heure demandée est $5^h.27^m.\frac{2}{11}$

167. *Une personne donne le $\frac{1}{3}$ de sa fortune à ses neveux et emploie les $\frac{3}{5}$ de ce qui lui reste à diverses œuvres de bienfaisance ; elle place à 5 pour 100 le capital restant, qui lui donne un revenu annuel de 11 386 fr. 39. A combien s'élevait sa fortune ?*

RÉP. 853 979$^{fr.}$,25.

Cette personne donne $\frac{1}{3}$ de sa fortune, puis les $\frac{3}{5}$ des deux autres tiers, il lui reste les $\frac{2}{5}$ des $\frac{2}{3}$ ou $\frac{2}{3}\times\frac{2}{5}=\frac{4}{15}$ de sa fortune. Ces $\frac{4}{15}$ placés à 5 p. % rapportent annuellement 11 386$^{fr.}$,39.

5$^{fr.}$ de rente suppose un capital de 100$^{fr.}$

$$4^{fr.} \qquad - \qquad - \qquad \frac{100}{5}$$

Et 11 386$^{fr.}$,39 un cap. de $\dfrac{100 \times 11\,386,39}{5} = 227\,727^{fr.},80$

Les $\dfrac{4}{15}$ de cette fort. étaient de 227 727$^{fr.}$,80

$\dfrac{1}{15}$ — était de $\dfrac{227\,727^{fr.},80}{4}$

Et les $\dfrac{15}{15}$ ou la fort. entière de $\dfrac{227\,727,80 \times 15}{4} = 853\,979^{fr.},25$

168. *Quelle est la somme : 1° en monnaie d'or ; 2° en monnaie d'argent, dont le poids équivaut à celui de 3 litres 25 d'eau prise dans les conditions adoptées pour la détermination du gramme? Quel serait le poids de l'or pur contenu dans la première somme et celui de l'argent pur contenu dans la seconde, en supposant la somme d'argent formée de pièces de 2 francs ?*

RÉP. 1° 10 075$^{fr.}$; 2° 650$^{fr.}$; 3° 2^{kg}.925 ; 4° 2^{kg}.613^{gr}.75.

3$^{lit.}$,25 d'eau à 4° centigrades pèsent 3^{kg},250.

1$^{kg.}$ de monnaie d'argent vaut $\dfrac{1000}{3} =$ 200$^{fr.}$

1$^{kg.}$ — d'or vaut 200 $\times$ 15,5 = 3100$^{fr.}$

1° 3$^{kg.}$,25 en mon. d'or valent 3100 $\times$ 3,25 = 10075$^{fr.}$

2° 3$^{kg.}$,25 — d'argent, 200 $\times$ 3,25 = 650$^{fr.}$

3° La monnaie d'or est au titre de 0,900 ; les pièces de 2$^{fr.}$ dites pièces divisionnaires sont au titre de 0,835.

Poids de l'or pur demandé 3,25 $\times$ 0,9 = 2$^{kg.}$,925.

4° de l'argent pur 2,25 $\times$ 0,835 = 2$^{kg.}$,613,75.

169. *Définition générale de la division.*

On fera voir qu'en cherchant combien de fois le chiffre des plus hautes unités du diviseur est contenu dans les unités de même espèce que renferme le dividende on est exposé à trouver un quotient trop fort, mais qu'on ne trouve jamais un quotient trop petit, on prouvera que le reste de l'opération doit être moindre que le diviseur, et aussi que la moitié du dividende.

1° Voir (n°ˢ 163-72).

2° Si le reste de l'opération était seulement égal au diviseur, c'est que ce diviseur pourrait être contenu 1 fois de plus dans le dividende, et que conséquemment le quotient serait trop faible de 1 unité.

Le reste ne saurait être non plus égal à la moitié du dividende, car la première moitié du dividende ayant pu contenir le diviseur, au moins une fois, tout reste égal à cette portion du dividende employée, serait évidemment trop grand.

170. *En passant à l'état de foin sec, le fourrage vert perd les $\frac{7}{9}$ de son poids, et une botte de foin sec pèse 5ᵏᵍ. Une prairie artificielle de 2ʰᵃ.,59ᵃ. a produit, en deux coupes égales, une quantité de fourrage qui, réduite à l'état de foin sec, a été vendue à raison de 51ᶠʳ.,50 les 100 bottes, au prix total de 1522ᶠʳ.,64. On demande le poids de foin vert produit par hectare et par coupe.*

Rép. 1° 26 087ᵏᵍ.,27 ; 2° 13 043ᵏᵍ.,635.

1 botte de foin pèse 5ᵏᵍ. et 100 bottes, $5 \times 100 = 500$ᵏᵍ. Ces 100 bottes coûtent 51ᶠʳ.,50.

La quantité de fourrage sec vendue 1522ᶠʳ.,64, pesait

$$500^{kg.} \times \frac{1522,64}{51,50} = 14782^{kg.},90.$$

Le foin vert, en passant à l'état de foin sec, perd les $\frac{7}{9}$ de son poids ; il n'en reste que $\frac{2}{9}$; les $\frac{2}{9}$ du fourrage vert qui a fourni le fourrage vendu, pèsent 14782ᵏᵍ.,90.

$\frac{1}{9}$ pèse $\frac{14782,90}{2}$, et tout le fourrage vert ou $\frac{9}{9}$,

$$\frac{14782,90 \times 9}{1} = 66523^{kg.}.05.$$

2ʰᵃ.,55ᵃ. ont produit..... 66523ᵏᵍ.,05 de fourrage vert,

et 1ʰᵃ. a produit........... $\dfrac{66523,05}{2,55} = 26087^{kg.},27$

et par chaque coupe........ $\dfrac{26087,27}{2} = 13043^{kg.},635.$

171. *Peut-on savoir si un nombre est divisible par 9 sans faire la division de ce nombre par 9. Peut-on connaître également le reste de la division de ce nombre par 9. A quoi cela peut-il servir? Ne pas se borner à indiquer le moyen, mais fournir les explications nécessaires.*

Voir *Arithm.* (n⁰ˢ 90, 96 et 97).

172. *La France est située entre 42° 20′ et 51° 5′ de latitude Nord : combien cet intervalle comprend-il de kilomètres?*

Rép. 972^{km},222.

$$51° 5′ - 42° 20′ = 50° 65′ - 42° 20′ = 8° 45′ = 525′.$$

On sait que le $\frac{1}{4}$ du méridien terrestre ou 90° ou

5400′ mesure. . . . . . . 10 000$^{km.}$

$$1′ \quad - \quad \frac{10\,000}{5400}$$

et   525′ mesurent. . . . . . $\frac{10\,000 \times 525}{5400} = 972^{km.},222.$

L'intervalle de 8° 45′ comprend 972$^{km.}$,222.

173. *Exécuter la multiplication de 684 par 32. On prouvera que le multiplicande a été répété 30 fois pour avoir le second produit partiel.*

Voir *Arithm.* (n° 46).

174. *Un négociant a acheté 15 hectolitres de vin qui lui ont coûté 980$^{fr.}$ d'achat, 78$^{fr.}$,75 d'entrée, et 33$^{fr.}$,65 de transport; il revend ce vin à raison de 95$^{cent.}$ le litre. Combien gagne-t-il par litre, et sur la totalité?*

Rép. 0,2217.

Prix d'ac. des 15$^{hl.}$, 980$^{fr.}$ + 78$^{fr.}$,75 + 33$^{fr.}$,65 = 1092$^{fr.}$,40
Prix de v^{te} des 15$^{hl.}$ ou 1500$^{lit.}$, 0$^{fr.}$,95 × 1500 = 1425$^{fr.}$

Bénéfice sur 1500$^{lit.}$. . . . . 332$^{fr.}$,60

$$- \quad \text{sur} \quad 1^{lt.} \frac{332^{fr.},60}{1500} = 0^{fr.},2217.$$

175. *Conversion des fractions décimales en fractions ordinaires. Exposé de la règle générale sur les fractions décimales 0,625, 0,454545... et 0,3181818...*

Voir *Arithm.* (n° 198).

176. *Une personne de la campagne porte au marché un certain nombre d'œufs. Elle en vend les $\frac{2}{3}$ des $\frac{6}{9}$ à raison de 0ᶠʳ.,05 l'un, et reçoit 1ᶠʳ.,40. On demande : 1° combien elle a porté d'œufs ; 2° quelle est sa recette totale, en supposant qu'elle les ait vendus tous au même prix ?*

RÉP. 1° 63ᵒᵉᵘᶠˢ ; 2° 3ᶠʳ.,15.

1° 1ᶠʳ.,40 est le prix de $\frac{1^{fr},40}{0,05} = 28$ œufs.

Les $\frac{2}{3}$ des $\frac{6}{9}$ ou $\frac{6}{9} \times \frac{2}{3} = \frac{4}{9}$ de la quantité d'œufs portée au marché est de 28 œufs.

On a donc porté au marché $\frac{28 \times 9}{4} = 63$ œufs.

2° et la recette totale a été de $0^{fr}.,05 \times 63 = 3^{fr}.,15$.

177. *Expliquer la division d'un nombre entier, 473028, par un nombre entier, 567.*

Voir *Arithm.* (n° 73).

178. *On lit dans un ancien compte que la livre de sucre coûtait 15 sous 8 deniers. Combien coûterait en francs et en centimes le kilogramme de ce sucre ? On sait que la livre-poids valait 9216 grains, et que le kilogramme vaut 18 827 grains 15 ; que la livre-tournois valait 20 sous ; le sou, 12 deniers ; enfin que 80 francs valent 81 livres-tournois.*

RÉP. 1ᶠʳ.,585.

1 livre-tournois ou 20 sous ou $12^{d}. \times 20 = 240$ deniers qui valent $\frac{80}{81}$ de franc ; et 1 denier vaut $\frac{80}{81 \times 240} = \frac{1^{fr}}{243}$.

15 sous 8 deniers ou $12^{d\cdot}\times 15 + 8^d = 188$ deniers, évalués en francs, font $\dfrac{1}{243}\times 188 = \dfrac{188}{243}$ de fr.

1 livre-poids ou $9216^{gr\cdot}$ coûtait 15 sous 8 deniers ou
bien, $\dfrac{188^{fr\cdot}}{243}$, 1 grain coûtait $\dfrac{188^{fr\cdot}}{243\times 9216}$, et 1 kg. de sucre,
ou $18\,827^{gr\cdot},10$, $\dfrac{188\times 18\,827,10}{243\times 9216} = 1^{fr\cdot},585$.

179. *Peut-on multiplier ou diviser les deux termes
d'une fraction par un même nombre sans changer la
valeur de cette fraction? Peut-on augmenter ou diminuer les deux termes d'une fraction d'une même quantité
sans altérer la valeur de cette fraction?*

Voir *Arithm.* (n°s 140, 141).

180. *Une pompe peut épuiser un bassin en 7 heures
1/2 ; une autre l'épuiserait en 5 heures. Si on les fait
fonctionner en même temps, combien faudra-t-il d'heures
pour épuiser le bassin?*

Rép. 3 heures.

En 7 h. 1/2 ou $\dfrac{15}{2}$ la 1re pompe épuise le bassin.

En 1 heure elle en épuiserait $\dfrac{2}{15}$;

En 1 h. la 2e pompe en épuiserait $\dfrac{1}{5}$ et les 2 fontaines

ensemble, $\dfrac{2}{15} + \dfrac{1}{5} = \dfrac{5}{15} = \dfrac{1}{3}$; et pour l'épuiser complète-
ment elle mettrait 3 heures.

181. *Comment fait-on la preuve par 9 de la multiplication? Quel est le principe sur lequel repose ce moyen
de vérification? Ne pourrait-on faire la preuve d'une
multiplication par 2, par 3, ou par 5?*

1° Voir *Arithm.* (n°s 96, 92).

2° A la seule inspection du chiffre des unités d'un nombre quelconque, on voit de suite si ce nombre est divisible par 2 ou par 5, et quel reste on obtiendrait en le divisant par ces facteurs.

Si la preuve par 2 ou par 5 en était une, une multiplication serait censée bien faite, si le premier chiffre à droite, était exact, chacun des autres chiffres fût-il erroné :

Il ne saurait y avoir de preuve par 2 ou par 5.

Il est rare que la preuve par 9 n'indique pas si une opération a été bien faite; néanmoins, il est des causes d'erreurs qu'elle est impuissante à faire constater; par exemple, si l'on a mal placé le 1er chiffre d'un produit partiel, ou bien si, dans le cours de la multiplication ou de l'addition des produits partiels, on a commis deux erreurs de même chiffre, et en sens contraire ou encore une erreur qui soit un multiple de 9.

La preuve par 3 ne les indiquerait pas davantage ; d'autre part, si l'erreur commise en plus ou en moins était 3 ou 6... la preuve par 9 le ferait constater et non la preuve par 3.

La preuve par 9 est aussi expéditive et plus certaine que la preuve par 3 ; voilà pourquoi on ne fait pas usage de cette dernière.

182. *Sur trois notes, l'une de* 210^{fr},40, *l'autre de* 430^{fr},70 *et la troisième de* 612^{fr},85, *l'acheteur a retenu les centimes. A combien pour* 100 *s'élève la retenue faite sur le tout ? Quelle est, relativement au montant, celle des trois notes qui a subi la retenue la plus considérable ?*

RÉP. 1° 0^{fr},155 ; 2° la 1re note.

1° Sur le montant des 3 notes qui est de 210^{fr},40 + 430^{fr},70 + 612^{fr},85 = 1253^{fr},95, l'acheteur a joui d'une remise de 0^{fr},40 + 0^{fr},70 + 0^{fr},85 = 1^{fr},95.

Pour 100^{fr} la retenue a été de $\dfrac{1,95 \times 100}{1253^{fr},95} = 0^{fr},155$.

2° Pour trouver celle des trois notes qui a subi la retenue la plus considérable, cherchons la retenue p. 0/0 faite sur le montant de chacune d'elles.

On a retenu :

sur la 1re note.. 0^{fr.},40 soit p. %, $\dfrac{0^{fr.}40 \times 100}{210,40} = 0^{fr.},19$

la seconde.. 0^{fr.},70   — $\dfrac{0^{fr.}70 \times 100}{420,70} = 0^{fr.},162$

la 3e........ 0^{fr.},85   — $\dfrac{0^{fr.}85 \times 100}{612,85} = 0^{fr.},13.$

C'est la 1re note qui a subi la retenue la plus considérable.

183. *Définir le but de la division de deux nombres décimaux.*

Expliquer cette division sur un exemple particulier.

La règle pratique convient-elle à tous les cas ?

Voir *Arithm.* division décimale.

184. *Expliquer le moyen de connaître le poids d'un corps sans le peser directement. On raisonnera sur l'exemple suivant : trouver le poids de* 53^{lit.},49^{cent.} *d'huile d'olive, sachant que sa densité est* 0,915.

Rép. 48^{kg.},94335.

On peut, sans peser un corps, en calculer le poids lorsque l'on connaît sa densité ; il suffit de multiplier sa densité par son volume évalué en décimètres cubes.

La densité d'un corps, c'est le rapport du poids de ce corps au poids d'un égal volume d'eau. Dire que la densité d'un corps est 0,915, signifie qu'un volume quelconque de ce corps pèse autant de fois 0^{kg.},915 qu'il contient de dm³, ou bien encore qu'un dm³ de ce corps pèse 0^{kg.},915.

53^{lit.},49 ou 53^{dm³},49 d'huile, dont la densité est 0,915, pèsent 0^{kg.},915 × 53,49 = 48^{kg.},94335.

185. *Un marchand achète 7 barriques de vin au prix de* 400^{fr.} *la barrique. A tout ce vin il ajoute* 114^{lit.} *d'eau et le revend ainsi mélangé à raison de* 1^{fr.},10 *les* 75^{cent.} *Il fait ainsi un bénéfice de* 447^{fr.},20. *Quelle est la contenance de chaque barrique ?*

Rép. 300^{lit.}

Les 7 barriques de vin ont été achetées, $400^{fr}\times7=$
2800^{fr} et vendues $2800^{fr}+447^{fr},20=3247^{fr},20$; $3247^{fr},20$
sont le prix de $\dfrac{3247^{fr},20}{1^{fr},10}=2952$ bouteilles.

Ces bouteilles, de chacune $0^{lt},75$ font $0^{lt},75\times2952=$
2214^{lt}.

Avant l'addition des 114^{lt} d'eau, les 7 barriques con-
tenaient ensemble $2214-114=2100^{lt}$, et chacune, $\dfrac{2100}{7}=$
300^{lt}.

186. *Énoncer et démontrer la règle de la multiplication des nombres décimaux. Raisonner sur l'exemple :*
$3,28\times5,40$.

Voir *Arithm.* (n° 182).

187. *On a tiré d'un tonneau contenant 230 litres de
vin, d'abord* $35^{lt},\dfrac{3}{5}$, *puis* $17^{lt},\dfrac{5}{7}$ *et enfin* $42^{lt},\dfrac{3}{4}$. *On demande :* 1° *combien de litres restent dans le tonneau ;*
2° *quelle est la valeur du vin tiré au prix de* $1^{fr},10$ *le
litre.*

Rép. 1° $134^{lt},\dfrac{51}{70}$; 2° $104^{fr},79$.

1° On a tiré en tout $35^{lt},\dfrac{2}{5}+17^{lt},\dfrac{5}{7}+41^{lt},\dfrac{3}{4}=35^{lt},\dfrac{56}{140}+$
$17^{lt},\dfrac{100}{140}+42^{lt},\dfrac{105}{140}=95^{lt},\dfrac{38}{140}$.

Il reste dans le tonneau : $230^{lt}-95^{lt},\dfrac{19}{70}=229^{lt},\dfrac{70}{70}-$
$95^{lt},\dfrac{19}{70}=134^{lt},\dfrac{51}{70}$ de litre.

2° Le vin tiré à $1^{fr},10$ le litre a une valeur de $1^{fr},10\times$
$95.\dfrac{19}{70}=104^{fr},79$.

188. *Un marchand a acheté* $11\,922^{kg},8$ *d'huile de
colza au prix de* 62^{fr} *l'hectolitre. Il paie comptant et on*

lui fait un escompte de 7 pour 100. Il revend les $\frac{5}{6}$ de l'huile au prix de 73$^{fr.}$ les 100$^{kg.}$, et le reste, en bloc, 1890$^{fr.}$. Calculer son bénéfice.

Un litre d'huile pèse 913$^{gr.}$.

RÉP. 985$^{fr.}$,70.

1 litre d'huile pèse 0$^{kg.}$,913^{g}.. Ce marchand a acheté $\frac{11\,922}{0,913} = 13\,058^{lit.},92$ d'huile ou 130$^{hl.}$,5892.

Cette huile coûte, à 62$^{fr.}$ l'hectolitre, 62$^{fr.} \times 130,5892 =$ 8096$^{fr.}$,53 ; mais ayant obtenu un escompte de 7 p. %, ce marchand n'a versé que $8096^{fr.},53 \times \frac{93}{100} = 7529^{fr.},77$.

Cette huile a été revendue :

1° les $\frac{5}{6}$ à raison de 73$^{fr.}$ les 100$^{kg.}$ pour la somme de

$$73 \times \frac{11\,922 \times 5}{100 \times 6} = \ldots\ldots\ldots\ldots\ldots\ldots\ 7192^{fr.},204$$

2° le reste pour. . . . . 1890$^{fr.}$

En tout. . . . . 9082$^{fr.}$,204

Bénéfice total 9082$^{fr.}$,204 — 8096$^{fr.}$,53 = 985$^{fr.}$,70.

189. *Une fermière, mère de famille, vient à la ville ; elle achète de l'étoffe à 1$^{fr.}$,80 pour faire des robes à elle et à ses trois filles et du drap à 10$^{fr.}$,50 pour faire un pantalon à son mari et à son fils. Il faut 6 mètres $\frac{3}{4}$ d'étoffe pour chaque robe et 1 mètre $\frac{1}{4}$ de drap pour chaque pantalon. On demande : 1° à combien s'élève la dépense ; 2° combien on doit encore, après avoir donné à compte 15 décalitres de froment à 2$^{fr.}$,50 le décalitre ; 3° combien pour payer entièrement, on doit céder de litres de vin à 0$^{fr.}$,45 le litre ?*

RÉP. 1° 74$^{fr.}$,85 ; 2° 37$^{fr.}$,35 ; 3° 83$^{lit.}$.

Cette fermière doit :

1° $6^{m}.\dfrac{3}{4}\times4=27^{m}$ à $1^{fr}.,80$, ce qui fait $1^{fr}.,80\times27=48^{fr}.,60$

2° $1^{m}.\dfrac{1}{4}\times2=2^{m}.,5$ à $10^{fr}.,50$, id. $10^{fr}.,50\times2,5=26^{fr}.,25$

En tout........ $\overline{74^{fr}.,85}$

2° Elle a versé le prix de $15^{DDl.}$ à $2^{fr}.50$ ou $2^{fr}.50\times15=37^{fr}.,50$

Elle redoit......... $\overline{37^{fr}.,35}$

3° Qu'elle acquittera en cédant $\dfrac{37,35}{0,45}=83$ litres de vin à $0^{fr}.,45$ le litre.

190. *Définir la multiplication. Prendre pour exemple $\dfrac{3}{4}$ et $\dfrac{8}{9}$. Faire voir de plus que de cette définition découle la règle générale.*

Voir (n° 156).

191. *1 litre d'air pèse 1 gr. 29. A volume égal, le poids d'un litre de vapeur est les $\dfrac{5}{8}$ de celui de l'air. Dites quel serait le volume de 3198 grammes de vapeur.*

Rép. $3966^{lt.},4$.

1 litre de vapeur pèse $1^{gr.},29\times\dfrac{5}{8}=0^{gr.},80625$.

3198 gr. de vapeur sont le volume de $\dfrac{3198}{0,80625}=3966^{lt.},4$.

192. *Un marchand a vendu une pièce d'étoffe en trois coupons. Sur le 1er, qui représente les $\dfrac{2}{7}$ de la pièce, il gagne $3^{fr.},25$; sur le 2e, qui représente les $\dfrac{3}{5}$ du reste, il gagne $5^{fr.},20$; sur le dernier, qui a une longueur de 10 mètres, il perd $1^{fr.},75$. Le tout a été vendu $40^{fr.},75$. On demande: 1° la longueur de la pièce ; 2° le prix d'achat ; 3° le gain moyen fait sur chaque mètre.*

Rép. 1° 35^m.; 2° 34^{fr},05; 3° 0^{fr},191.

1° Le 1er coupon se compose des $\frac{2}{7}$ de la pièce; Le 2me,

des $\frac{3}{5}$ des $\frac{5}{7}$ qui restent ou des $\frac{5}{7} \times \frac{3}{5} = \frac{3}{7}$; Le 3me, de ce qui

reste c'est-à-dire de $\frac{7}{7} - \left(\frac{2}{7} + \frac{3}{7} \right) = \frac{2}{7}$.

Ces $\frac{2}{7}$ sont de 10 mètres.

Les $\frac{7}{7}$ ou la pièce entière est de $\dfrac{10 \times 7}{2} = 35$ mètres.

2° On a fait sur le tout un bénéfice de 3^{fr},75 + 5^{fr},50 — 1^{fr},75 = 6^{fr},70. Le prix d'achat de toute la pièce est donc de 40^{fr},75 — 6^{fr},70 = 34^{fr},05.

3° Sur 35 mèt. on a fait 6^{fr},70 de bénéfice.

Et sur 1 mètre, $\dfrac{6^{fr},70}{35} = 0^{fr},191$.

192. *Exposé des divers cas que peut présenter la division des nombres décimaux. — Énoncé et démonstration de la règle à suivre dans chacun de ces cas.*

Voir *Arithm.* (n°s 183, 184).

193. *On fait confectionner 36 chemises avec une toile qui coûte 3^{fr},80 le mètre. Il faut 2^{m}50 pour chaque chemise, et l'on donne 12 francs par semaine à l'ouvrière chargée de ce travail. Cette ouvrière fait 3 chemises tous les deux jours. Calculer le prix que coûtent les 3 douzaines de chemises. La semaine sera comptée pour 6^j. de travail.*

Rép. 390^{fr}.

En 1 semaine ou 6 jours de travail, cette ouvrière fait $\frac{6}{2} \times 3 = 9$ chemises et reçoit 12^{fr}. pour son salaire. La façon

d'une chemise coûte $\frac{12}{9} = \frac{4}{3}$ de franc.

Pour faire 3 douzaines ou 36 chemises il faut, à raison

de $2^m,50$ par chemise, $2^m,50 \times 36 = 90$ mètres de toile. Un mètre de cette toile coûte $3^{fr.},80$.

   Ces 36 chemises coûtent.

1° d'achat, $3^{fr.},80 \times 90$ . . . . . $= 342^{fr.}$

2° de façon, $\dfrac{4}{3} \times 36$ . . . . $= 48^{fr.}$

                    En tout. . . . $\overline{390^{fr.}}$

195. *Qu'entend-on par simplifier une fraction ? Sur quel principe s'appuie-t-on ?*

   Voir *Arithm.* (n°⁵ 140-142).

196. *Quelle est la quantité de cuivre qu'il faudrait ajouter à* $252^{gr.}$ *d'or pur pour le monnayer ? Quelle somme obtiendra-t-on ?*

      Rép. 1° $28^{gr.}$ de cuivre ; 2° $868^{fr.}$

1° La monnaie d'or est au titre $\dfrac{9}{10}$, c'est-à-dire, que les

$\dfrac{9}{10}$ de son poids sont en or pur et le $\dfrac{1}{10}$ en cuivre.

   Les $\dfrac{9}{10}$ du poids de l'alliage sont de $252^{gr.}$

     $\dfrac{1}{10}$ —   sera de $\dfrac{252}{9}$

et les $\dfrac{10}{10}$ ou l'alliage même de. . . . $\dfrac{252 \times 10}{9} = 280^{gr.}$

Pour monnayer $252^{gr.}$ d'or il faut ajouter $280^{gr.} - 252^{gr.} = 28^{gr.}$ de cuivre.

2° $280^{gr.}$ de monnaie d'argent valent $\dfrac{280}{5}$ de franc.

   $280^{gr.}$ —   d'or valent 15 fois plus, c'est-à-dire

           $\dfrac{280}{5} \times 15,5 = 868^{fr.}$

197. *On fabrique avec de l'or de densité* 19,26 *des feuilles qui ont* $\dfrac{1}{800}$ *de millimètre d'épaisseur. Quelle*

surface pourrait-on recouvrir avec les feuilles provenant de l'or contenu dans une pièce de 100ᶠʳ.

RÉP. $1^{m^2},20^{dm^2},56.$

La pièce de 100ᶠʳ· pèse $\dfrac{5\times100}{15,5}=32^{gr}\cdot,258$ et contient $32,258\times0,9=29^{gr}\cdot,0322$ d'or pur, puisque les monnaies d'or sont au titre 0,9. La densité de l'or est 19,26, 1^{cm^3} d'or pèse $19^{gr}\cdot,26$. Le volume de $29^{gr}\cdot,0322$ d'or pur est de $29,0322 : 19,0322=1^{cm^3},507$. L'épaisseur des feuilles fabriquées est de $\dfrac{1}{800}$ de millimètre ou de $\dfrac{1}{8000}$ de centimètre. Avec $1^{cm^3},507$ on pourra fabriquer $1,505\times8000=12026$ feuilles de chacune 1^{cm^2} de surface et qui auront ensemble une superficie de $12056^{cm^2}=1^{m^2},20^{dm^2},56.$

198. *Une personne vend 8500ᶠʳ· l'hectare, un jardin dont elle place le prix à 5 pour 100.*

Sachant qu'elle recevra 743ᶠʳ·,75 d'intérêt par an, on demande de trouver en ares la superficie du jardin vendu.

RÉP. $175^a.$

Le capital qui placé à 5 p. 0/0 produit annuellement 743ᶠʳ·,75 d'intérêt est égal à

$$\frac{100\times743,75}{5}=14874^{fr}\cdot,8.$$

Le terrain a été vendu à raison de 8500ᶠʳ· l'hectare ou 85ᶠʳ· l'are. La superficie du jardin exprimée en ares est égale à $\dfrac{14874^{fr}\cdot,8}{85}=175^a.$

199. *Ce qu'on appelle plus grand commun diviseur de plusieurs nombres. Chercher le plus grand commun diviseur des nombres 360, 504 et 1848. Exposé raisonné des diverses méthodes qui peuvent être employées.*

Voir (nᵒˢ 100, 108, 125 et 151).

RÉP. $360=2^3\times3^2\times5$;

$504=2^3\times3^2\times7$;

$1848=2^3\times3\times7\times11$;

P. G. C. D. cherché $=2^3\times3=24.$

200. *Une personne place les* $\frac{2}{5}$ *de son capital à 6 °/₀,* *ce qui lui procure un revenu annuel de 939ᶠʳ·,60. Le reste de ce capital est placé à 4ᶠʳ·,50 pour 100. Trouver son revenu total, et dire à quel taux unique elle devait placer son capital pour obtenir le même revenu annuel.*

RÉP. 1° 1990ᶠʳ·,275 ; 2° 5ᶠʳ·,10.

6ᶠʳ· de revenu sup. un cap. de 100ᶠʳ·

$$1^{fr.} \qquad\qquad — \qquad\qquad \frac{100}{6}$$

$$939^{fr.},60 \qquad — \qquad \frac{100 \times 939^{fr.},60}{6} = 15\,610^{fr.}$$

Les $\frac{2}{5}$ du cáp. de cette pers. sont de 15.610ᶠʳ·

$$\text{Les } \frac{3}{5} \ldots\ldots\ldots\ldots \text{de } \frac{15\,610 \times 3}{2} = 23\,415^{fr.}$$

23 415ᶠʳ· placés à 4ᶠʳ·,50 p. °/₀, rapportent annuellement
$$\frac{4^{fr.},50 \times 23\,415}{100} = 1053^{fr.},675.$$

Revenu total de cette personne 939ᶠʳ·,60 + 1053ᶠʳ·,675 = 1990ᶠʳ·,275.

2° Cette personne possède un capital de 15 610ᶠʳ· + 23 415ᶠʳ· = 39 025ᶠʳ· qui rapporte 1990ᶠʳ·,275

$$1^{fr.} \qquad — \qquad \frac{1990,275}{39\,025}$$

$$\text{et} \qquad 100^{fr.} \qquad — \qquad \frac{1990,275 \times 100}{39\,025} = 5^{fr.},10$$

Ce capital placé au taux unique, 5ᶠʳ·,10 procurerait le même revenu.

201. *Réduire au plus petit dénominateur commun les fractions :*

$$\frac{28}{4}, \ \frac{2}{7}, \ \frac{5}{56},$$

Comment trouve-t-on le plus petit dénominateur commun?

RÉP. $\frac{8}{56}, \ \frac{16}{56}, \ \frac{5}{56}$. Voir *Arithm.* (nᵒˢ 151, 125).

202. *20 actions du chemin de fer du Nord, achetées 1050$^{fr.}$ l'une, donnent un revenu brut de 1200$^{fr.}$ par an.*

Les actions au porteur sont frappées d'un impôt de 7 pour 100 ; les actions nominatives ne subissent qu'une retenue de 3 pour 100.

Quel est le revenu annuel : si les actions sont au porteur ? Si les actions sont nominatives ? A quel taux place-t-on son argent, si les actions sont nominatives ?

Rép. 1° 1116$^{fr.}$, 1164 ; 2° 5$^{fr.}$,55.

1° La loi frappe d'un impôt de, 7 p. % les actions au porteur, et de 3 p. % les actions nominatives, c'est-à-dire que le revenu net n'est que,

pour les actions au porteur, des $\dfrac{93}{100}$ du revenu brut.

— nominatives des $\dfrac{97}{100}$ seulement.

Revenu net des 20 actions au porteur $1200 \times \dfrac{93}{100} = 1116^{f}$

— — nominatives $1200 \times \dfrac{97}{100} = 1164^{f}$

2° Les 20 actions, de chacune 1050$^{fr.}$, valent 1050$^{fr.}$ $\times 20 = 21\,000^{fr.}$ qui rapp. ann. 1164$^{fr.}$ d'intérêt

100$^{fr.}$ rapportent... $\dfrac{1164 \times 100}{21\,000} = 5^{fr.},54$

En achetant des actions nominatives, on place son argent au taux 5$^{fr.}$,54 ou 5$^{fr.}$,55.

203. *Soit le nombre 684. On écrit un zéro à sa droite puis à sa gauche (0684), puis entre 2 chiffres consécutifs, 6 et 8, par exemple. Qu'est devenu le nombre proposé dans chacun des trois cas énumérés ?*

Rép. 1° Ce nombre est devenu 10 fois plus grand ;

2° Il n'a pas changé de valeur ;

3° Il a augmenté des $\dfrac{5400}{684}$ de sa valeur pri-

mitive.

1° En écrivant un zéro à la droite de 684 on obtient 6840, nombre 10 fois plus grand : les 684 unités sont devenues 684 dizaines ; chaque ordre d'unités est rendu 10 fois plus grand.

2° En écrivant un zéro, à gauche, 0684, le nombre n'a pas varié : il y a toujours autant de centaines, de dizaines et d'unités.

3° En écrivant un zéro, dans le corps du nombre, entre le 6 et le 8, par exemple (6084), la partie à gauche du zéro, c'est-à-dire les centaines, est devenue 10 fois plus grande, celle qui est située à droite, les dizaines et les unités n'ont pas varié.

En comparant les nombres 684 et 6084. On voit que le nombre proposé a augmenté de $6084 - 684 = 5\,400$ c'est-à-dire des $\dfrac{5\,400}{684}$ de sa valeur.

204. *Une pièce d'étoffe de 48^m,55 a coûté en tout la somme de 971^{fr} Combien aurait-on de bénéfice par mètre si 18^m·50 de cette étoffe étaient vendus 492^{fr},10 ?*

RÉP. 6^{fr},60.

Prix d'achat   de 48^m,55,   971^{fr.}

   —   de   1^{m.} $\dfrac{971}{48,55} = 20^{fr.}$

Prix de vente de 18^m,50, 492^{fr},20

   —   de   1^{m.} $\dfrac{492,20}{18,50} = 26^{fr.},60$

Bénéfice sur 1^m, 26^{fr},60 — 20^{fr.}   6^{fr.},60

205. *Exposer la partie du système métrique relative aux poids à anneaux et aux poids à boutons. On définira le quintal métrique et la tonne. On dira quelques mots de la balance ordinaire.*

Voir *Système métrique.*

206. *Partager 55 198^{fr.} en quatre parts sous les conditions suivantes : la seconde sera le triple de la première,* *la troisième le triple de la seconde, la quatrième vaudra 20 fois la troisième. Quelles sont les quatre sommes demandées ?*

RÉP. 286$^{fr.}$; 858$^{fr.}$; 2574$^{fr.}$; 51 480$^{fr.}$

De l'énoncé du problème, il résulte que la somme à partager, 55 198$^{fr.}$ contient : 1° la 1re part ; 2° 3 fois la 1re part 3° 3×3=9 fois cette même part ; 4° et enfin 9×20=180 fois, et en tout 1+3+9+180=193 fois la 1re part.

$$\text{D'où} \quad \text{1}^{re}\text{ part} = \frac{55\,198}{193} = 286^{fr.}$$
$$\text{2}^{e}\text{ part} = 286\times3 = 858$$
$$\text{3}^{e}\text{ part} = 286\times9 = 2574$$
$$\text{4}^{e}\text{ part} = 286\times180 = 51\,480$$
$$\text{Total} \dots\dots\dots 55\,198^{fr.}$$

207. *Expliquer la division des nombres fractionnaires sur cet exemple :* $\left(5\times\frac{4}{7}\right):\left(3-\frac{5}{11}\right).$

Voir *Arithm.* (n° 167).

208. *Pour doubler une draperie, on emploie* 35^{m},05 *d'étoffe à* $\frac{3}{4}$ *de large au prix de* 2$^{fr.}$,45 *le mètre. Combien faudrait-il de cette étoffe, si sa largeur n'était que de* $\frac{3}{7}$, *et quel devrait être, dans ce cas, le prix du mètre ?*

RÉP. 1° 61^{m} ; 2° 1$^{fr.}$,40.

1° La surface d'un mètre de doublure,

Ayant $\frac{3}{4}$ de large est de $1^{m}\times\frac{3}{4}=\frac{3^{m^2}}{4}$,

Ayant $\frac{3}{7}$ — $1^{m}\times\frac{3}{7}=\frac{3^{m^2}}{7}$.

La superficie de la drap. est de $\frac{3^{m^2}}{4}\times35,05=26^{m^2}2875$.

Si pour la doubler, on se servait d'étoffe ayant $\frac{3}{7}$ de large,

il en faudrait $\dfrac{26^{m^2},2875}{3} : \dfrac{3}{7} = 61^m,33$.

2° Dans le 1ᵉʳ cas, la doublure coûterait $2^{fr},45 \times 35,03 = 85^{fr},87$.

Pour ne pas dépenser davantage en se servant de doublure à $\frac{3}{7}$ de large, on ne devrait payer le mètre courant

que $\dfrac{85^{fr},87}{61,33} = 1^{fr},40$.

209. *Une personne a employé 10 douzaines de pelotes
de fil à $1^{fr},56$ la douzaine avec la treizième en plus.
Payant comptant, elle a obtenu une remise de 5 pour
100. Combien aurait-elle payé de plus, si elle avait acheté
son fil au détail à $0^{fr},20$ la pelote ?*

Rép. $11^{fr},18$.

Quand cette pers. achète 10 douz. de pelotes, elle reçoit
$13 \times 10 = 130$ pel., qu'elle paye $1^{fr},56 \times 10 = 15^{fr},60$

A déduire escompte 5 p. %, $\dfrac{15^{fr},60 \times 5}{100} = 0^{fr},78$

Prix net des 130 pelotes................ $14^{fr},82$
Au détail, 130 p. auraient c. $0,20 \times 130 = 26^{fr}$.
L'ach. à la pel. aurait coûté $26^{fr} - 14^{fr},82 = 11^{fr},18$ en pl.

210. *Théorie de la multiplication des nombres entiers ;
prendre pour exemple 686×345. Expliquer la formation d'un produit partiel. Pourquoi commence-t-on par
la droite du multiplicande ? Est-il nécessaire de commencer par la droite du multiplicande ? Est-il nécessaire
de commencer par la droite du multiplicateur ? Disposition des produits partiels.*

Voir *Arithm*. Multiplication des nombres entiers.

211. *Indiquer et expliquer le caractère auquel on re-
connaît qu'un nombre est divisible par 25, et le procédé le
plus rapide pour effectuer la division.*

Rép. Un nombre est divisible par 25 lorsqu'il est terminé par deux zéros, 25, 50 ou 75.

En effet, tout nombre ayant plus de deux chiffres peut être considéré comme étant la somme d'un nombre de centaines et d'un autre nombre formé par les dizaines et les unités du nombre proposé.

25 divise un nombre quelconque de centaines ; si la seconde partie du nombre proposé est aussi divisible par 25, le nombre lui-même le sera aussi, car tout nombre qui en divise deux autres divise leur somme.

Pour diviser rapidement un nombre par 25, on le divise par 100, en séparant 2 chiffres sur sa droite, et on multiplie le résultat par 4.

Ex. : $4758 : 25 = 47,58 \times 4 = 190,32$.

212. *Un marchand achète 2685 kilog. d'huile à raison de 180 fr. 75 le quintal. Il veut gagner 15 pour 100 sur son acquisition. Combien doit-il faire payer les 500 grammes d'huile, et quel bénéfice total fera-t-il sur sa vente, en admettant que le détail occasionne une perte de 6 hectogrammes ?*

Rép. 1° 1$^{fr.}$,05 ; 2° 726$^{fr.}$,73.

1$^{quint.}$ d'huile coûte 180$^{fr.}$,75.

2685$^{kg.}$ ou 26$^{quint.}$,85 ont coûté $180^{fr.},75 \times 26,85 = 4853^{fr.},13$.

On fait un bénéfice de 15 p. % sur le prix d'achat c'est-à-dire que le prix de vente est égal aux $\frac{115}{100}$ du prix d'achat.

Donc, prix de vente d'un quint. $180^{fr.},75 \times \frac{115}{100} = 207^{fr.}86$.

d'un kilog. $\frac{207^{fr.},86}{100} = 2^{fr.},0786$.

d'un demi-kilog. ou 500$^{gr.}$ . . $\frac{2^{fr.},0786}{2} = 1^{fr.},04$.

2° Les 2685$^{kg.}$ se sont réduits à 2685$^{kg.}$ — 6$^{kg.}$ = 2684$^{kg.}$,4 ou à 26$^{qx.}$,844 qu'on a vendus $207^{fr.}86 \times 26,844 = 5579^{fr.}86$

Le bénéfice total sera de $5579^{fr.},86 - 4853^{fr.},13 = 726^{fr.},73$.

213. *Démontrer qu'en ajoutant le même nombre 4 aux deux termes de fraction $\frac{3}{5}$, le résultat est plus voisin de l'unité que la fraction proposée.*

Voir *Arithm.* (n° 141).

214. *Une tailleuse emploie 14 mètres d'une étoffe ayant $\frac{3}{4}$ de mètre de large pour faire une robe. Combien faudra-t-il de mètres d'une autre étoffe ayant $\frac{5}{8}$ de large pour habiller la même personne? Ces deux robes coûtant le même prix, on demande quelle longueur de la première étoffe on aura pour le prix d'un mètre de la seconde.*

Rép. 1° 16,80 ; 2° 0^m,90.

1° Quand l'étoffe a $\frac{3}{4}$ de mètre de large, elle emploie 14 mètres.

Si elle avait $\frac{1}{4}$, elle employerait 14×3

$$— \quad \frac{4}{4} \text{ ou } \frac{8}{8} \quad — \quad \frac{14\times3}{4}$$

$$— \quad \frac{1}{8} \quad — \quad \frac{14\times3\times8}{4}$$

et si elle a $\frac{5}{8}$, elle en emploiera $\dfrac{14\times3\times8}{4\times5}=16^m,80$.

2° Pour le prix de 16^m,80 de la 2e étoffe, on a 14^m de la 1re

$$— \quad \text{de } 1^m \quad — \quad \text{on aura } \frac{14}{16,80}=$$

0^m,90 de la 1re.

215. *Partager 45^{fr} entre un homme, trois femmes et cinq enfants de manière que chaque femme reçoive deux fois et demie autant qu'un enfant et que l'homme ait les cinq tiers de ce qu'aura une femme.*

Rép. 11^{fr},25 ; 20^{fr},25 ; 33^{fr},50.

Soit 1$^{fr.}$ la part d'un enfant, celle d'une femme serait de 2$^{fr.}$ $\frac{1}{2}$ et celle d'un homme, de 2$^{fr.}$, $\frac{1}{2} \times \frac{5}{3} = \frac{25}{6}$.

L'homme recevrait $\frac{25}{6}$ de franc

Les trois femmes, 2$^{fr.}$ $\frac{1}{2} \times 3 = \frac{15}{2}$

et les cinq enfants . . . . 5$^{fr.}$

Il reste à partager 45$^{fr.}$ proportionnellement à $\frac{25}{5}$, $\frac{15}{2}$, 5

ou à $\frac{25}{5}$, $\frac{45}{6}$ et $\frac{30}{6}$ ou à 25, 45, 30 ou encore à 5, 9, 6 ; 5 + 9 + 6 = 20.

Part de l'homme, $\frac{45 \times 5}{20} = 11^{fr.},25$

des trois femmes, $\frac{45 \times 9}{20} = 20^{fr.},25$

des cinq enfants, $\frac{45 \times 6}{20} = 13^{fr.},50$

Total . . . . . . $\overline{45^{fr.},00}$

Chaque femme a reçu $\frac{20,25}{3} = 6^{fr.},75$

et chaque enfant . . . $\frac{13,50}{5} = 2^{fr.},70.$

216. *Trouver le produit de 4 par $\frac{3}{5}$. Expliquer.*

217. *Multiplication d'un nombre entier par une fraction. Exposé et démonstration de la règle à suivre sur l'exemple $9 \times \frac{3}{4}$.*

Voir *Arithm.* (n° 158).

218. *Calculer le volume et le poids d'une poutre de chêne de 5^{m},80 de longueur et de 0^{m},65 sur 0^{m},57 d'équarrissage. La densité du chêne est 0,95.*

Rép. 1° 2^{m3},1489 ; 2° 1998^{kg},477.

Volume de la poutre $5^m,80 \times 0^m,65 \times 0^m,57 = 2^{m^3},1489$ ou $2148^{dm^3},9$. La densité du chêne est 0,93 ; un dm^3 de chêne pèse $0^{kg},93$, et $2148^{dm^3},9$ pèseront $0^{kg},93 \times 2148.9 = 1998^{kg},477$.

219. *Faire connaître :*

1° Comment le produit de deux nombres peut être plus petit que le multiplicande ;

2° Dans quel cas le quotient de la division de deux nombres peut être plus grand que le dividende.

Explication raisonnée de ces principes sur des exemples.

1° Le produit de deux nombres est plus petit que le multiplicande quand le multiplicateur est plus petit que l'unité.

Soit le produit $4 \times \frac{3}{4}$ on aura $4 \times \frac{3}{4} < 4$.

Le produit se compose du multiplicande comme le multiplicateur se compose de l'unité ; le multiplicateur n'étant que les $\frac{3}{4}$ de l'unité, le produit ne se composera que des $\frac{3}{4}$ du multiplicande et partant sera plus petit que le multiplicande.

$$4 \times \frac{3}{4} = \frac{12}{4} \text{ et on a } \frac{12}{4} < 4 \text{ ou } \frac{16}{4}.$$

2° Le quotient de la division de deux nombres sera plus grand que le dividende quand le diviseur sera plus petit que l'unité.

Soit à diviser 4 par $\frac{3}{4}$; on aura $4 : \frac{3}{4} > 4$.

Si le diviseur était l'unité, le quotient serait précisément égal au dividende ; le diviseur étant plus petit que 1, sera contenu plus de fois dans le dividende, et le quotient, qui indique ce nombre de fois, augmentera et conséquemment sera plus grand que le dividende.

$$4 : \frac{3}{4} = \frac{4 \times 4}{3} = \frac{16}{3} \text{ et on a } \frac{16}{3} > 4 \text{ ou } \frac{16}{4}.$$

220. *On traite du minerai d'argent qui en contient 20 p. °/₀ de son poids et qui en perd 2 p. °/₀ par l'o-*

pération. Combien de kilogrammes de minerai doit-on employer pour obtenir l'argent nécessaire à la fabrication d'une somme de 20 000^{fr} en pièces de 5^{fr}?

RÉP. 459^{kg},183.

La pièce de 5^{fr} est au titre 0,9.

20 000^{fr} en pièces de 5^{fr} pèsent 5^{gr} $\times$ 20 000 = 100 000^{gr}. et contiennent 100 000^{gr} $\times$ 0,9 = 90 000^{gr} = 90^{kg} d'arg. pur.

Il reste à trouver la quantité de minerai qui fournira ces 90^{kg} d'argent.

Le minerai employé contient 20 p. % ou les $\dfrac{20}{100}$ ou $\dfrac{1}{5}$ de son poids en argent; dans l'opération on perd les $\dfrac{2}{100}$ ou $\dfrac{1}{50}$ de l'argent, il en reste les $\dfrac{49}{50}$, c'est-à-dire un poids équivalent aux $\dfrac{49}{50}$ du $\dfrac{1}{5}$ ou à $\dfrac{1}{5} \times \dfrac{49}{50} = \dfrac{49}{250}$ du poids du minerai traité.

Les $\dfrac{49}{250}$ du poids de ce min. sont de 90^{kg}.

$\dfrac{1}{250}$ — sera de $\dfrac{90}{49}$

et les $\dfrac{250}{250}$ ou ce poids lui-même de.. $\dfrac{90 \times 250}{49}$ = 459^{kg},183

221. *Comment fait-on la multiplication d'une fraction par une fraction? Application et démonstration sur*

$$\dfrac{11}{13} \times \dfrac{5}{6}$$

Voir *Arithm.* n° 139

222. *A quel taux place-t-on son argent lorsqu'on achète, au cours de 462 fr. 50, une obligation de la ville de Paris, rapportant un intérêt annuel de 20 francs, qui se trouve réduit à 18 fr. 50, par application de la loi sur les valeurs mobilières?*

Serait-il plus avantageux d'acheter des rentes de 5 pour 100 au cours de 101 fr. 50?

Quel serait le bénéfice annuel pour une personne qui aurait un capital de 18 000 francs à placer?

Rép. 1° Il est plus avantageux d'acheter du 5 p. % ; 2° 108^{fr}.

1 oblig., au cours de 462^{fr},50, rapp. 18^{fr},50

conséquemment   1^{fr} . . . . $\dfrac{18,50}{462,50}$

et . . . . 100^{fr} . . . . $\dfrac{18,50 \times 100}{462,50} = 4^{fr},32$

En achetant des obligations Ville de Paris, on place son argent au taux 4^{fr},32.

101^{fr},50 rapportant 5^{fr} de rente.

1^{fr} — $\dfrac{5}{101,50}$

et   100^{fr} — $\dfrac{5 \times 100}{101,50} = 4^{fr},90$.

Il est plus avantageux d'acheter de la rente 5 p. % et on jouit, sur chaque 100^{fr} de capital employés, d'une plus-value de 4^{fr},92 — 4^{fr},32 = 0^{fr},60, et une personne qui disposerait d'un capital de 18.000^{fr} pour acheter du 5 p. %, aurait un bénéfice annuel de $\dfrac{0^{fr},60 \times 18\,000}{100} = 108^{fr}$.

223. *Une personne achète 15^{m},20 de drap et les cède ensuite pour 302^{fr},10, elle gagne à son marché 6 p. % du prix d'achat. Combien le mètre de drap lui avait-il coûté?*

Rép. 18^{fr},75.

Prix de vente de 1^{m} de drap :

302^{fr},10 : 15,2 = 19^{fr},875.

Gagner 6 pour 100 sur le prix d'achat, c'est revendre 106^{fr} ce qui a coûté 100^{fr} Le prix de vente est égal aux $\dfrac{106}{100}$ du prix d'achat.

D'où prix d'achat de 1^{m} de drap,

$$\dfrac{19^{fr},875 \times 100}{106} = 10^{fr},75.$$

224. 7 hectares 9 ares de vigne valent 15 hectares 33 ares de prairie, et 28 hectares de prairie valent 62 hectares 65 ares de bois. Quel est le prix d'un hectare de bois, sachant que l'hectare de vigne vaut 5300 francs?

RÉP. 1033$^{fr.}$,50.

$28^{ha.}$ de prairie valent. . . . . $62^{ha.},65^{a.}$ de bois.

$1^{ha.}$ — vaut . . . . . . $\dfrac{62^{ha.},65}{28}$ —

$15^{ha.}33^{a.}$ — valent . . . . $\dfrac{62^{ha.},65\times15,33}{28}$ de bois

$7^{ha.},09^{a.}$ de vignes valent aussi $\dfrac{62^{ha.},65\times15,33}{28}$ —

Et $1^{ha.}$ de vigne vaut 5000$^{fr.}$, ou encore autant que

$$\frac{62,65\times15,33}{28\times7,09} = 4^{ha.},83^{a.},79^{ca.} \text{ de bois.}$$

$4^{ha.},83^{a.},79$ de bois valent. . . . 5000$^{fr.}$

$1^{ha.}$ de bois vaut . . . . $\dfrac{5000}{4,8379} = 1033^{fr.},50.$

225. Combien y a-t-il de moyens de rendre une fraction un certain nombre de fois plus grande? Prendre pour exemple la fraction $\dfrac{4}{9}$.

RÉP. Il y a deux moyens : multiplier le numérateur ou diviser le dénominateur de cette fraction par le nombre donné. Pour que le second moyen puisse être employé, il faut que le dénominateur soit un multiple du facteur donné. Voir *Arithm.* (n°s 138, 139, 140).

226. Le même jour, les actions du chemin de fer du Midi qui rapportent 40$^{fr.}$ par an, sont à 640$^{fr.}$, et les actions du chemin de fer d'Orléans, qui rapportent 60$^{fr.}$, sont à 840$^{fr.}$. Quelle valeur doit prélever l'acheteur, et quel revenu brut se fera-t-il avec un capital de 16 800$^{fr.}$

Quel sera son revenu mensuel, en supposant que cette valeur soit frappée d'un impôt de 7 pour %?

Rép. 1° Les secondes valeurs sont préférables; 2° 1 200^{fr}.; 3° 93^{fr}.

1° 640^{fr}. prix d'une act. du Midi, rap. 40^{fr}.

$$100^{fr}. \quad — \quad — \quad \frac{40 \times 100}{640} = 6^{fr}.,25.$$

840^{fr}. prix d'une action Orléans, rapp. 60^{fr}.

$$100 \quad — \quad — \quad \frac{60 \times 100}{840} = 7^{fr}.,14.$$

L'acheteur doit donc préférer l'achat de ces dernières valeurs.

2° 840^{fr}. rapportent 60^{fr}.

$$1^{fr}. \quad — \quad \frac{60}{840}$$

et   16 800^{fr}.   — $\frac{60 \times 16\,800}{840} = 1\,200^{fr}.$

3° Le revenu brut serait de . . . . . 1 200^{fr}.

à déduire, l'impôt de 7 p. %, $\dfrac{1\,200 \times 7}{100} =$ 84^{fr}.

Revenu net annuel . . . $\overline{1\,116^{fr}.}$

Revenu mensuel $\dfrac{1\,116}{12} = 93^{fr}.$

227. *Soustraction des nombres entiers accompagnés de fractions. Cas particuliers qui peuvent se présenter.*

Voir *Arithm.* (n° 155).

228. *Quel est le nombre dont les* $\dfrac{13}{20}$ *surpassent le* $\dfrac{1}{4}$ *de 7 entiers* $\dfrac{1}{2}$?

Rép. 18,75.

Les $\dfrac{13}{20}$ de ce nombre surpassent son $\dfrac{1}{4}$ ou ses $\dfrac{5}{20}$ de

$$\frac{13}{20} - \frac{5}{20} = \frac{8}{20} = \frac{2}{5}.$$

Les $\dfrac{2}{5}$ de ce nombre sont de $7\dfrac{1}{2}$

$\dfrac{1}{5}$ —   est de $\dfrac{7\dfrac{1}{2}}{2}$

Les $\dfrac{5}{5}$ ou le nomb. lui-même, de $\dfrac{7\dfrac{1}{2}\times 5}{2}=18,75$

229. *Les mises de trois associés étaient de 800ᶠʳ·, 1500ᶠʳ· et 500ᶠʳ·; ils ont perdu dans leur entreprise 400ᶠʳ· Quelle perte chacun supportera-t-il ?*

Rép. 114ᶠʳ·,28 ; 214ᶠʳ·,28 ; 71ᶠʳ·,42.

Chaque associé doit perdre en proportion de sa mise : Il faut donc partager, 400ᶠʳ·, le montant de la perte, proportionnellement aux mises de chacun, 800, 1500 et 500 ou encore à 8, 15 et 5 ; $8+15+5=28$.

Pérte supportée par le 1ᵉʳ associé, $\dfrac{400\times 8}{28}=114^{fr},28$

   —   par le 2ᵐᵉ   — $\dfrac{400\times 15}{28}=214^{fr},28$

   —   par le 3ᵐᵉ   — $\dfrac{400\times 5}{28}=71^{fr},42$

Total............ $\overline{399^{fr},98}$

230. *Quelqu'un place pour trois ans, à intérêts composés, un capital à 5 pour 100 ; au bout de ce temps, il reçoit 920ᶠʳ·, tant pour le capital que pour les intérêts. On demande quel était ce capital.*

Rép. 794ᶠʳ·,75.

1ᶠʳ· de capital, placé à 5 p. °/₀, et à intérêts composés, devient au bout de trois ans, capital et intérêts compris, 1ᶠʳ·,05³.

1ᶠʳ·,05³ provient d'un capital de 1ᶠʳ·

1ᶠʳ·   — $\dfrac{1}{1,05^3}$

et 920ᶠʳ· d'un capital de . . . . . $\dfrac{1\times 920}{1,05^3}=794^{fr},75$.

231. *Trois héritiers se partagent une somme : le premier a $\frac{1}{3}$ de la totalité, le second a les $\frac{2}{3}$ de ce qu'a eu le premier et le troisième $\frac{1}{4}$ de ce qu'ont eu les deux premiers ; le reste sert à payer les frais. Sachant que les parts réunies de trois héritiers s'élèvent à 7525^{fr}, on demande combien a eu chaque héritier.*

Rép. 3612^{fr}; 2408^{fr}; 1505^{fr}.

Part du 1er héritier . . . . $\frac{1}{3}$ de l'héritage

— du 2me — $\frac{1}{3}\times\frac{2}{3}=$ . . . . $\frac{2}{9}$ —

— du 3^{mé} — $\left(\frac{1}{3}+\frac{2}{9}\right)\frac{1}{4}=$ . . . . . . $\frac{5}{36}$ —

Ensemble, les trois héritiers ont eu $\frac{1}{3}+\frac{2}{9}+\frac{5}{36}=\frac{12}{36}+\frac{8}{36}+\frac{5}{36}=\frac{25}{36}$ —

Les $\frac{25}{36}$ de l'héritage sont de 7525^{fr}.

$\frac{1}{36}$ — sera de $\frac{7525}{25}=301^{fr}$.

Le premier héritier a reçu 301$^{fr}\times12=3612^{fr}$.
Le second — 301$^{fr}\times8=2408^{fr}$.
Le troisième — 301$^{fr}\times5=1505^{fr}$.
Total. . . . . $=7525^{fr}$.

232. *7 enfants héritent de 30 600 fr., ils ont à payer en commun 820 fr. 75 de dettes, 130 fr. 70 pour frais d'inhumation, et 99 fr. 50 pour les honoraires du notaire. Chacun reçoit, en outre, le prix de 534 litres de vin, à raison de 57 fr. l'hectolitre. Quelle est la somme qui revient à chacun?*

Rép. 4525^{fr},67.

Il reste à partager 30 600^{fr} — (820^{fr},75 + 130^{fr},70 + 99^{fr},50) = 29 549^{fr},05.

Chacun des 7 enfants héritera :

1° Du $\frac{1}{7}$ de cette somme . . . $\dfrac{29\,549,5}{7} = 4221^{fr.},29$

2° Du prix de 534$^{lit.}$ de vin à 57 l'^{hl}, $\dfrac{57^{fr.}\times 534}{100} = 304^{fr.},38$

En totalité, de. . . . . $\overline{4525^{fr.},67}$

233. *Lorsque le vin valait 41 fr. 30 l'hectolitre, un ménage en consommait 395 litres par an, le prix du vin est de 49 fr. 55 l'hectolitre; combien, avec le double de la somme qu'il employait dans le premier cas, le même ménage pourra-t-il consommer de litres par an?*

Rép. 658$^{lit.}$.

Primitivement le ménage consommait pour $41^{fr.},30 \times \dfrac{395}{100} = 163^{fr.},135$ dont le double est $163,135 \times 2 = 326^{fr.},27$.

Lorsque le vin se vendra $49^{fr.},55$ l'hectolitre, ce ménage pourra en consommer annuellement

$$\dfrac{326^{fr.},27}{49^{fr.},55} = 6^{hl.},58 = 658^{lit.}.$$

234. *Une couturière pourrait faire une robe avec 9$^{m.}$ d'une certaine étoffe ayant 0$^{m.}$,95 de largeur et se vendant 11$^{fr.}$,50 le mètre. Le marchand a de l'étoffe de la même qualité, mais il déclare qu'il en faut 12$^{m.}$ pour faire la robe. Combien se paye le mètre de cette seconde étoffe et quelle en est la largeur?*

Rép. 1° 8$^{fr.}$ 625 ; 2° 0$^{m.}$,7125.

1° La robe vaut $11^{fr.},50 \times 9 = 103^{fr.},50$.

Si on prend 12$^{m.}$ pour faire la robe, le prix du mètre ne doit être que de $\dfrac{103,50}{12} = 8^{fr.},625$.

2° Quand on prend 9$^{m.}$ la largeur est de 0$^{m.}$,95. Si on prenait 1$^{m.}$ la largeur serait $0,95 \times 9$, et 12$^{m.}$ elle serait de $\dfrac{0,95 \times 9}{12} = 0^{m.},7125$.

285. *Qu'entend-on par* rapport direct *et par* rapport inverse *dans les problèmes dits* règles de trois. *Donner un exemple de chaque sorte.*

Voir *Arithm.* (n°ˢ 383, 384 et 385).

236. *Une somme d'argent, placée pendant 8 mois, est devenue avec ses intérêts 1 277ᶠʳ·20 ; la même somme, placée pendant 15 mois au même taux, est devenue avec les intérêts simples 1 309ᶠʳ·,75. Quelle est la somme placée et quel est le taux de l'intérêt ?*

Rép. 1° 1 230ᶠʳ·; 2° 4ᶠʳ·,536.

Cette somme a rapporté :

1° En 7 mois. . . . . $1309^{fr},75 - 1277^{fr},20 = 32^{fr}55$

en 1 mois. . . . . $\dfrac{32,55}{7}$

en 8 mois. . . . . $\dfrac{32,55 \times 8}{7} = 37^{fr},20.$

La somme placée est $1277^{fr},20 - 37^{fr},20 = 1230^{fr}.$

2° 1230ᶠʳ· en 8 mois rapportent 37ᶠʳ·,20

1 en 1 mois rapporte $\dfrac{37,20}{1230 \times 8}$

et 100 en 12 mois — $\dfrac{37,20 \times 100 \times 12}{1230 \times 8} = 4^{fr},536.$

Le taux de l'intérêt est 4ᶠʳ·,536.

237. *Une marchande achète de la toile à 2ᶠʳ·,35 le mètre et en vend 135ᵐ· par jour ; quel prix doit-elle en retirer pour gagner 3500ᶠʳ· dans l'année ? On comptera l'année de 285 jours.*

Rép. 324ᶠʳ·55.

135ᵐ· coûtent à cette personne $2^{fr},35 \times 135 = 312^{fr},25$

elle veut gagner par jour $\dfrac{3\,500}{285}$ . . . . . . $= 12^{fr},30$

sa vente journalʳᵉ s'élèvera à $312^{fr},25 + 12^{fr},29 = \overline{324^{fr},55}$

238. *Comment réduit-on une fraction à sa plus simple expression ?*

Appliquer la méthode à $\dfrac{107\,640}{134\,550}$.

Rép. $\dfrac{4}{5}$. Voir *Arithm.* (n° 146).

239. *Une fontaine peut remplir un bassin en 7 heures, un robinet peut le vider en 11 heures. Le $\dfrac{1}{3}$ du bassin étant plein, on laisse couler la fontaine et on ouvre le robinet. Au bout de combien d'heures les $\dfrac{3}{4}$ du bassin seront-ils remplis ?*

Rép. $8^{h.},1^{m.},15^{s.}$

Ce bassin est plein au $\dfrac{1}{3}$, on veut qu'il se remplisse jus-qu'aux $\dfrac{3}{4}$, c'est-à-dire d'une quantité équivalente à ses

$$\frac{3}{4}-\frac{1}{3}=\frac{9}{12}-\frac{4}{12}=\frac{5}{12}.$$

En 1 heure la fontaine remplit $\dfrac{1}{7}$ du bassin

— le robinet en vide $\dfrac{1}{11}$ —.

Pendant ce temps, la fontaine et le robinet coulant ensemble, le bassin se remplira de

$$\frac{1}{7}-\frac{1}{11}=\frac{11}{77}-\frac{7}{77}=\frac{4}{77}.$$

Les $\dfrac{5}{12}$ du bassin seraient remplis au bout de

$$\frac{5}{12}:\frac{4}{77}=\frac{5\times77}{12\times4}=8^{h.},1^{m.},15^{s.}$$

240. *Qu'est-ce que le plus grand commun diviseur de deux ou de plusieurs nombres ?*
Indiquer la règle pratique à l'aide des deux nombres 4696 et 1120.

Rép. 8. Voir *Arithm.* (n°⁵ 105 et 125).

7

741. *Deux familles brûlent chaque jour, en moyenne :
l'une les $\frac{3}{4}$ d'une bougie ; l'autre les $\frac{3}{15}$ de $\frac{1}{2}$ kilog. d'huile.*

Quel est l'éclairage le plus économique et quelle est l'économie réalisée dans l'année, sachant : 1° que le paquet de 500 gr. renfermant 5 bougies coûte 1fr.,10 ; 2° que le demi-kilog. d'huile se vend 0fr.,90 ?

RÉP. 1° L'éclairage à la bougie ; 2° 5fr.,475.

1° 5 bougies coûtent.............. 1fr.,10

Et $\frac{3}{4}$ de bougie   — $\frac{1,10}{5}\times\frac{3}{4}=$ 0fr.,165

$\frac{1}{2}$ kg. d'huile coûte............ 0fr.,90

$\frac{3}{15}$ de $\frac{1}{2}$ kg. — coûtent......... $0,90\times\frac{3}{15}=$ 0fr.,18

2° En brûlant de la bougie on économise:

Par jour 0fr.,18 — 0,165 = ... 0fr.,015

Par année 0fr.,015 $\times$ 365 = ... 5fr.,475

742. 1° *Multiplier* $3+\frac{2}{5}$ *par* $4+\frac{3}{7}$. 2° *Peut-on effectuer cette opération de plusieurs manières ? 3° Laquelle est préférable et pourquoi? 4° Peut-on se contenter de multiplier les deux nombres entre eux, les deux fractions entre elles, et d'ajouter ces deux résultats ?*

$$1°\ 3+\frac{2}{5}\times 4+\frac{3}{7}=\frac{17}{5}\times\frac{31}{7}=\frac{17\times 31}{5\times 7}=\frac{527}{35}=15,\frac{2}{35}.$$

2° Oui on peut effectuer cette opération de deux manières : 1° En convertissant les nombres fractionnaires en expressions fractionnaires, et en multipliant numérateurs entre eux et dénominateurs entre eux ; 2° en multipliant tout le multiplicande par la partie entière du multiplicateur, puis par la fraction qui l'accompagne, et en faisant ensuite la somme de ces divers produits.

3° Le premier mode est préférable parce qu'il est plus expéditif.

4° Pour avoir le produit de $3\frac{2}{5}$ par $4\frac{3}{7}$, il faut multiplier chaque partie du multiplicande par 4, puis par $\frac{3}{7}$. Si l'on se contentait de multiplier les nombres entiers entre eux, puis les fractions entre elles, le produit obtenu différerait du produit exact de :

$$\frac{2}{5}\times 4 + 3\times\frac{3}{7}.$$

243. *Le printemps commencera cette année le 21 mars à 10 heures 31 minutes du matin et finira le 21 juin à 8 heures 56 minutes du soir. Quelle sera sa durée en jours, heures et minutes?*

Rép. 92j· 10h·,25m·.

Du 21 mars à 10h·,31m· du matin, jusqu'au 21 juin à la même heure, il s'écoulera $31+30+31=92$ jours.

Et le 21 juin, de 10h·,31m· du matin à 8h·,56m· du soir, il s'écoulera $(12^h-10^h,31^m)+8^h,56^m=1^h,29+8^h,56=10^h,25^m$.

Le temps demandé est de 92j·,10h·,25m·.

244. *1° Diviser $4+\frac{3}{5}$ par $2+\frac{7}{9}$. 2° Peut-on effectuer cette opération de plusieurs manières? 3° Laquelle est préférable?*

Rép. 1° $4+\frac{3}{5}:2\frac{7}{9}=\frac{23}{5}:\frac{25}{9}=\frac{23\times 9}{5\times 25}=\frac{207}{125}=1,\frac{82}{125}$.

2°. Pour effectuer cette opération : 1° on peut réduire les nombres fractionnaires en expressions fractionnaires et appliquer la règle du 3me cas de la division des fractions ; 2° pour diviser une somme par un certain nombre, il faut diviser chaque partie qui la compose par le nombre donné, et faire la somme des divers quotients. Il suit de là qu'on pourrait encore diviser 4 par $2,\frac{7}{9}$, puis $\frac{3}{7}$ par $2,\frac{7}{9}$ et faire la somme des deux quotients obtenus.

3° La 1re manière d'opérer est bien préférable, étant plus simple et plus expéditive.

245. *Quelle est la circonférence d'une planète qui vaut les 0,954 de celle de la terre? L'exprimer en mètres, en kilomètres et en lieues de 4 kilomètres. Donner également le diamètre de cette planète.*

RÉP. 38 160 000^m; 38 160^{km}; 9540^l; 12 141 888^m.

La circonférence de la terre a 40 000 000 de mètres et celle de la planète en question, $40\,000\,000 \times 0{,}954 = 38\,160\,000$ ou 38 160^{km} ou bien encore $\dfrac{38\,160}{4} = 9540$ lieues de 4^{km}.

Diamètre de cette planète, $\dfrac{38\,160\,000}{3{.}1416} = 12\,141\,888^m$.

246. *Comment forme-t-on la table de multiplication dite de Pythagore? Comment s'en sert-on?*

Voir *Traité d'Arithm.*

247. *Une chambre dont le sol forme un rectangle a 6^m,24 de longueur, 3^m,18 de largeur et 3^m,20 de hauteur. On demande le poids de l'air contenu dans cette chambre, en supposant qu'un litre d'air pèse 1^{gr},3^{dg}.*

RÉP. 82^{kg},547712.

Volume de cette chambre $= 6^m{,}24 \times 3^m{,}18 \times 3^m{,}20 = 63^{m^3}{,}49\,824 = 63\,498^{dm^3}{,}24$.

    1 lit. ou 1$^{dm^3}$ d'air pèse...... 1^{gr},3

    63 498$^{dm^3}$ — pèseront... $1{,}3 \times 63\,498{,}24 = 82\,547^{gr}{,}712 = 82^{kg}{,}547712$.

248. *Dans la multiplication des nombres de plusieurs chiffres, pourrait-on former les produits partiels en commençant par la gauche du multiplicateur? Quelle disposition présenteraient alors les divers produits partiels?*

Voir *Arithm.* (n° 47, remarque).

249. *Une personne place les $\dfrac{4}{5}$ de ses fonds à 5 p. °/₀*

*et le reste à 4 p. °/₀. Au bout de l'année elle retire 15 196ᶠʳ·,
capital et intérêts compris. Quel était le capital ainsi placé ?*

RÉP. 14 495ᶠʳ·,40.

Si cette personne ne possédait que 600ᶠʳ· de capital, 500ᶠʳ·
seraient placés à 5ᶠʳ· et 100ᶠʳ· à 4 p. °/₀, et elle retirerait capital et intérêts compris 600ᶠʳ·$+(5\times5)+4=629$ᶠʳ·.

Cette personne possède autant de fois 600ᶠʳ· de capital que
629ᶠʳ· sont contenus dans 15 196ᶠʳ·. Donc montant du capital
placé, $600\times\dfrac{15\,196}{629}=14\,495$ᶠʳ·,40.

250. *1° Expliquer la division d'un nombre décimal
par un nombre décimal.*

*2° On fera voir, étant donnée une fraction périodique
0,531 531 531... à diviser par une fraction périodique
0,27 27 27.... comment il est possible de calculer approxi-
mativement le quotient avec une erreur moindre que* $\dfrac{1}{100}$.

1° Voir *Arithm.* (nᵒˢ 182 et suivants).

2° $0,531\,531...: 0,2727... = 1,94$ à moins de $\dfrac{1}{100}$ près.

2° $0,531\,531... = \dfrac{531}{999} = \dfrac{531\times1001}{999\times1001} = \dfrac{531\,531}{999\,999}$

$0,272\,272... = \dfrac{27}{99} = \dfrac{27\times10101}{99\times10101} = \dfrac{272\,727}{999\,999}$ (198)

$0,531\,531...: 0,2727... = \dfrac{531\,531}{999\,999} : \dfrac{272\,727}{999\,999} = \dfrac{531\,531}{272\,727}$ (140)

Pour obtenir le quotient de 531 531 par 272 727 à moins
de $\dfrac{1}{100}$ près, je convertis le dividende en centièmes et je
partage ce nombre de centièmes en 272 727 parties égales,
ce qui donne évidemment un quotient exprimant des centièmes, conséquemment exact à moins de $\dfrac{1}{100}$ près (185).

Pour faire la division indiquée, il suffit de chercher les
fractions génératrices des fractions données, de faire en
sorte que ces fractions aient même dénominateur et de
diviser les numérateurs à moins de $\dfrac{1}{100}$ près.

$$\frac{531\,531}{272\,727} = 1,94 \text{ à moins de } \frac{1}{100} \text{ près.}$$

251. *Le florin d'Autriche est une pièce d'argent qui pèse* 12^{gr}.,345 *et dont le titre est* $\frac{900}{1000}$; *le titre du demi-florin n'est que* $\frac{520}{1000}$: *quel est le poids de cette dernière pièce ?*

RÉP. 10^{gr}.,682.

Le florin d'Autriche pèse 12^{gr}.,345 et contient

$$12^{gr}.,345 \times \frac{900}{1000} = 11^{gr}.,1105 \text{ d'argent.}$$ Le demi-florin en

contient donc $\frac{11,1105}{2} = 5^{gr}.,55\,525$. Cette pièce de mon-

naie étant au titre $\frac{520}{1000}$.

Les $\frac{520}{1000}$ de son poids sont de 5^{gr}.,55 525

$$\frac{1}{1000} \quad - \quad \text{de } \frac{5,55\,525}{520}$$

et les $\frac{1000}{1000}$ ou le poids cherché de $\frac{5,55\,525 \times 1000}{520} = 10^{gr}.682$.

Le poids du demi-florin est de 10^{gr}.,682.

252. *Démontrer que le produit de plusieurs nombres, ou facteurs, ne change pas quel que soit l'ordre dans lequel s'effectue la multiplication.*

Voir *Arithm.* (n° 54).

253. *Dans une prairie de 2 hectares 8 centiares, un cultivateur récolte 12 bottes* $\frac{1}{2}$ *de foin par are. Il vend son foin* 45^{fr}. *les 100 bottes et consent à n'être payé que dans 3 mois, mais à la condition qu'on lui donnera de l'or. Au bout des 3 mois, l'or faisant une prime de* 15^{fr}. *du mille, le cultivateur le porte chez un banquier et reçoit des billets en échange.*

Dites combien la prime qu'il touche représente d'intérêt pour 100 de son argent.

Rép. 6^{fr},317.

1^a. de prairie produit 12 bottes $\frac{1}{2}$ de foin, 2^{ha}.,8^{ca}. ou 200^a.,08^{ca}. en produiront $12,5 \times 200,08 = 2501$ bottes.

100 bottes de foin coûtent 45^{fr}.

et 2501 bottes — $\dfrac{45 \times 2501}{100} = 1125^{fr}$,45.

Au bout de 3 mois ce cultivateur a reçu 1125^{fr},45 dont 1125^{fr}. en or, qu'il a échangés contre des billets de banque moyennant une prime 15 p. %.

Montant de cette prime $1125 \times \dfrac{15}{1000} = 16^{fr}$,875.

1125^{fr},45 en 3 mois ont rap. 16^{fr},875 de prime ou d'intérêt.

1^{fr}.   1 mois a rap. $\dfrac{16,875}{1125,45 \times 3}$

Et 100^{fr}. en 12 m. ou un an $\dfrac{16,875 \times 100 \times 12}{1125,45 \times 3} = 6^{fr}$,317.

254. *Combien y a-t-il de moyens de rendre une fraction un certain nombre de fois plus petite? Prendre pour exemple la fraction* $\frac{4}{9}$.

Rép. Il y a 2 moyens. Voir *Arithm.* (n°s 138, 139).

254 bis. *Un marchand a vendu les* $\frac{3}{4}$ *d'une pièce d'étoffe à un premier acheteur, puis les* $\frac{2}{3}$ *du reste à un second. Le coupon qui restait a une longueur de* 2^m.,77 *et est vendu* 72^{fr},45. *On demande la longueur de la pièce et sa valeur, d'après le prix du dernier coupon.*

Rép. 1° 33^m.,24 ; 2° 869^{fr},40.

1° Après la première vente il restait une fraction de la pièce égale à $\frac{1}{4}$; on a vendu les $\frac{2}{3}$ de ce quart, il en reste le $\frac{1}{3}$ ou $\frac{1}{4} \times \frac{1}{3} = \frac{1}{12}$ de la pièce. Le $\frac{1}{12}$ de la pièce vaut 2^m.,77.

La longueur de la pièce elle-même sera de $2^m,77 \times 12 = 33^m,24$.

$2°$ Le $\dfrac{1}{12}$ de la pièce a été vendu $72^{fr},45$.

La valeur de la pièce entière est de $72^{fr},45 \times 12 = 869^{fr},40$.

255. *On fond un décimètre cube d'argent avec un volume de cuivre suffisant pour former un alliage au titre de 0,900. Calculer en centimètres cubes et millimètres cubes le volume du cuivre, sachant qu'un décimètre cube d'argent pèse* $10^{kg},47$, *et un décimètre cube de cuivre* $8^{kg},85$. *Calculer de plus le nombre de pièces de 5 francs que l'on peut fabriquer avec le lingot résultant de cet alliage.*

  Rép. $1°$ $136^{cm³},061$; $2°$ 465.

$1°$ Un décimètre cube d'argent pèse $10^{kg},47$. Le poids de la quantité de cuivre qu'il faut ajouter à $10^{kg},47$ d'argent, pour obtenir un alliage au titre 0,9 est égal à $\dfrac{1}{9}$ de $10^{kg},47$, c'est-à-dire à $\dfrac{10,47}{9} = 1^{kg},1633$.

Un décimètre cube de cuivre pèse $8^{kg},85$.

Volume de $1^{kg},1633$ de cuivre, $\dfrac{1,1633}{8,85} = 136^{cm³},061$.

$2°$ Le poids total de l'alliage est de $10,47 + 1,1633 = 11^{kg},633$.

Une pièce de 5^{fr} pèse 25^{gr}.

Le nombre de pièces de 5^{fr} qu'on a pu fabriquer avec $11^{kg},633$ d'alliage est de $\dfrac{11,633}{0,025} = 465$.

256. *Qu'est-ce qu'un nombre premier ? Par quelle série d'opérations peut-on reconnaître si un nombre est premier ou non premier ? Où doit s'arrêter cette série d'opérations.*

On prendra pour exemple les nombres 113 et 169, et l'on reconnaîtra s'ils sont premiers ou non premiers.

Voir *Arithm.* (n°s 113-117).

257. *Les monnaies versées au bureau du change des hôtels des monnaies n'y sont reçues que pour la valeur du métal précieux pur qu'elles renferment.*

On demande de calculer, dans cette condition, la valeur du double Frédéric de Prusse, sachant que cette pièce d'or est au titre de 0,897 et pèse 13ᵍʳ·,364.

On sait d'ailleurs qu'un kilog. d'or pur vaut 3437ᶠʳ·; on devra toutefois expliquer comment cette donnée essentielle de la question a été établie.

RÉP. 41ᶠʳ·,20.

1ᵏᵍ· ou 1000ᵍʳ· d'or pur vaut 3437ᶠʳ·
1ᵍʳ· vaut........ 3ᶠʳ·437.

Le double Frédéric pèse 13ᵍʳ·364, contient 13,364×0,897 =11ᵍʳ·987508 d'or pur et vaut 3ᶠʳ·437×11,987508=41ᶠʳ·20.

Voir pour la dernière question *Arithm.* (n° 279).

258. *Manière de faire la preuve par 9 de l'addition et de la soustraction.*

Expliquer comment ce procédé peut fournir une vérification de l'exactitude de l'opération. Faire voir, toutefois, qu'il peut arriver que ce mode de preuve réussisse, bien que le résultat de l'opération soit inexact : en citer des exemples.

Pour faire la preuve par 9, de l'addition et de la soustraction : 1° on fait la somme ou la différence des restes de la division par 9 des nombres donnés ; 2° on divise par 9 cette somme ou cette différence, puis le résultat fourni par l'opération.

On obtient deux restes, qui sont égaux, si l'opération a été bien faite.

Démonstration : Chacun des nombres à additionner ou à soustraire est égal à un multiple de 9, plus le reste de la somme de ses chiffres, divisée par 9. La somme totale ou la différence se compose :

1° De la somme ou de la différence de ces divers multiples de 9.

2° De la somme ou de la différence de ces divers restes. C'est donc un multiple de 9 augmenté ou diminué de la somme des premiers restes obtenus.

7.

D'où le reste de la division de ces mêmes restes par 9 doit être égal au reste de la division par 9, du résultat de l'addition ou de la soustraction.

Il peut très bien arriver que ce mode de preuve réussisse, bien que l'opération soit inexacte :

1° Si l'erreur commise en plus ou en moins était 9 ou un multiple de 9 ;

2° Si l'on commettait deux erreurs de mêmes chiffres et en sens contraire ;

3° S'il arrivait que les nombres à additionner ou à soustraire, fussent mal disposés.

259. *Un ballon de verre, plein de mercure, pèse 1 kilogramme 594 grammes 22 centigrammes; vide il pèse 56 grammes 545 milligrammes. On demande la capacité intérieure de ce ballon à moins de $\frac{1}{2}$ dixième de millimètre cube. On sait que la densité du mercure est 13,596.*

RÉP. 0$^{dm^3}$,113$^{cm^3}$ 097$^{mm^3}$ 602.

Le poids du mercure contenu dans le ballon est de 1^{kg},594^{gr} 22 — 56^{gr},545 = 1^{kg},537^{gr} 675.

La densité du mercure est 13,596, c'est-à-dire qu'un décimètre cube de mercure pèse 13^{kg},596.

Contenance du ballon $\dfrac{1^{kg},537\ 675}{13^{kg},596} = 0^{dm^3}113^{cm^3}097^{mm^3}602$

à moins de $\frac{1}{2}$ dixième de millimètre cube.

260. *Combien de moyens de rendre une fraction un certain nombre de fois plus grande?*

Voir *Arithm.* (n°ˢ 138 et 139).

261. *Une pompe peut vider un bassin en 6 heures 42 minutes ; une autre le viderait en 4 heures 37 minutes. Combien faudrait-il d'heures, de minutes et de secondes pour vider le bassin en faisant fonctionner simultanément les deux pompes?*

RÉP. 2^h,43^m,59^s.

La 1re pompe vide le bassin en 6^{h},42^{m} ou 402^{m}. La seconde en 4^{h},37^{m} ou 277 minutes.

En 1 minute la 1re pompe vide $\dfrac{1}{402}$ du bassin, la seconde $\dfrac{1}{277}$; et les 2 pompes ensemble, $\dfrac{1}{402} + \dfrac{1}{277} = \dfrac{277 + 402}{111\,354} = \dfrac{679}{111\,354}$ de ce même bassin.

Le bassin sera vidé entièrement en,
$$111\,354 : 679 = 163^{\text{m}},59^{\text{s}} \text{ ou } 2^{\text{h}},43^{\text{m}},59^{\text{s}}.$$

262. *Changement que subit une fraction lorsqu'on ajoute un même nombre à ses deux termes. Démonstration du principe sur la fraction* $\dfrac{5}{8}$ *aux deux termes de laquelle on ajoute le nombre* 4.

Voir *Arithm*. (n° 141).

263. *Un lingot d'or de* 1348^{gr}· *contient* 145^{gr}· *de cuivre. On demande combien de grammes d'or pur il faut y ajouter pour le mettre au titre légal des monnaies françaises, et combien de pièces de* 20^{fr}· *l'on pourra fabriquer avec ce nouveau lingot. On demande aussi de trouver le titre du lingot primitif.*

Rép. 1° 102^{gr}· d'or; 2° 224 p. de 20^{fr}· et 3 p. de 5^{fr}·; 3° 0,8924.

1° Les monnaies d'or françaises sont au titre 0,9, c'est-à-dire que les $\dfrac{9}{10}$ de leur poids sont en or, et le $\dfrac{1}{10}$ en cuivre.

Le poids du nouveau lingot sera de 145 × 10 = 1450^{gr}·. Et il faudra ajouter au lingot primitif, 1450 − 1348 = 102^{gr}· d'or.

2° 20 francs en argent pèsent 5^{gr}· × 20 = 100^{gr}· et 20^{fr}· en or, $\dfrac{100}{15,5}$; avec ce lingot on pourra fabriquer 1450 : $\dfrac{100}{15,5} = \dfrac{1450 \times 15,5}{100} = 224$ pièces de 20 francs et 3 pièces de 5^{fr}· en or.

3° Le lingot primitif contenait 1348^{gr}—145=1203^{gr} d'or pur ; on sait que le titre d'un lingot est égal au quotient du poids du métal fin qu'il contient par son poids total.

Titre de ce lingot, $\dfrac{1203}{1348}$ = 0,8924.

264. *La douzaine de paires de bas de coton se vend en magasin* 22^{fr},60. *Dans ces conditions le détaillant gagne 20 p. °/₀ relativement au prix de fabrique. Le fabricant gagne lui-même 20 p. °/₀ relativement à son prix de revient. La matière première coûtant* 5^{fr}.50, *on demande à quel prix la confection de 12 douzaines de paires est payée à l'ouvrier.*

RÉP. 107^{fr},768.

En revendant une douzaine de paires de bas, 22^{fr},60 le détaillant gagne 20 p. °/₀ sur le prix de fabrique c'est-à-dire que le prix de fabrique est égal aux $\dfrac{80}{100}$ de 22^{fr},60 ou à 22^{fr},60$\times\dfrac{82}{100}$=18^{fr},05.

Le fabricant gagne lui-même 20 p. °/₀ sur le prix de revient qui est de $18,08\times\dfrac{80}{100}$=$14^{fr}$,465. La matière première coûtant 5^{fr},50, le prix de la confection, pour une douzaine de paires de bas, est de 14^{fr},464—5^{fr},59=8^{fr},964 et pour 12 douzaines, de 8^{fr},964$\times$12=107^{fr},768.

265. *Diviser* 0,376 *par* 2,9 *et expliquer l'opération.*

Voir *Arithm.* (n° 184).

266. *Une fontaine coule dans un bassin qu'elle remplit en 7 heures et qu'un robinet vide en 12 heures. Après 8 heures, quelle sera la hauteur de l'eau dans ce bassin, supposé vide au commencement de l'écoulement, et dont la profondeur est de* 7^m,35.

RÉP. 3^m,50.

En 1 heure la fontaine remplit $\frac{1}{7}$ du bassin, et le robinet en vide $\frac{1}{12}$; il en reste $\frac{1}{7}-\frac{1}{12}=\frac{12}{84}-\frac{7}{24}=\frac{5}{84}$, et au bout de 8 heures, $\frac{5}{84}\times 8=\frac{10}{21}$.

Le bassin a une profondeur de $7^{m}.,35$, au bout de 8 h., il sera rempli jusqu'à une hauteur équivalente aux $\frac{10}{21}$ de $7^{m}.,35$, c'est-à-dire à $7^{m}.,35\times\frac{10}{21}=3^{m}.,50$.

267. *Expliquer : 1° la preuve de la multiplication par la division; 2° la preuve de la division par la multiplication.*

1° Pour faire la preuve de la multiplication par la division, on divise le produit par l'un quelconque des facteurs, on doit trouver l'autre facteur au quotient.

En effet : soit les facteurs 24 et 15 ; le produit 24×15 ou 360 se compose de 15 fois 24, doit contenir 24, 15 fois. Pour s'en assurer on divise 360 par 24 et on doit retrouver 15 au quotient, si l'opération a été bien faite ; de même, en divisant 360 par 15, on doit trouver 24 au quotient, car $360=24\times 15$ ou encore 15×24, c'est-à-dire 24 fois 15 (48).

2° Pour faire la preuve de la division, on multiplie le diviseur par le quotient, au produit on ajoute le reste de la division ; on doit retrouver le dividende.

Le dividende se compose : 1° d'autant de fois le diviseur qu'il y a d'unités au quotient ; 2° du reste s'il y en a un. Donc, en multipliant le diviseur par le quotient et en ajoutant le reste au produit on doit retrouver le dividende.

268. *Une personne vend de la rente 5 p. °/₀ au pair pour payer un pré qu'elle a acheté $19\,500^{fr}.$. Elle loue ce pré à raison de $600^{fr}.$ par an. Les contributions à sa charge sont de $57^{fr}.,50$. Quel est, dans ces conditions, le revenu net pour $100^{fr}.$ de capital ?*

RÉP. $2^{fr}.,78\frac{10}{13}$.

Le revenu net de 19 500$^{fr.}$ est de 600$^{fr.}$ — 57$^{fr.}$,60 = 542$^{fr.}$,40
Le revenu net pour 100$^{fr.}$ sera de

$$\frac{542.40 \times 100}{19500} = 2^{fr.},78 \frac{10}{13}.$$

269. *Faire connaître dans quel cas le quotient de la division de deux nombres est plus grand que le dividende. Explication raisonnée du principe.*

Le quotient de la division de deux nombres est plus grand que le dividende quand le diviseur est plus petit que l'unité.

Si le diviseur est l'unité, le quotient égale le dividende. Si le diviseur est plus petit que l'unité, il sera contenu plus de fois dans le dividende, le quotient sera plus grand que le dividende et d'autant plus grand que le diviseur s'éloignera davantage de l'unité.

270. *Une institutrice qui confectionne elle-même ses cahiers, met 13 demi-feuilles dans chaque cahier. Le papier qu'elle emploie coûte 5$^{fr.}$,20 la rame, et les couvertures 2$^{fr.}$,10 le cent. Sachant qu'une rame contient 20 mains de 25 feuilles chacune, combien gagne-t-elle pour 100 en revendant chaque cahier 10 centimes.*

Rép.

Une rame contient 20 mains ou bien $25 \times 20 = 500$ feuilles.

Pour faire un cahier, il faut 13 demi-feuilles ou 6 feuilles $\frac{1}{2}$.

Avec une rame on pourra faire $\dfrac{500}{6\frac{1}{2}} = 81$ cahiers $\dfrac{7}{13}$.

Pour ne point avoir de fraction, supposons qu'elle achète 13 rames de papier.

Elle pourrait fabriquer $81 \frac{7}{13} \times 13 = 1000$ cahiers qu'elle vendrait 0$^{fr.}$,10 $\times 1060 = 106^{fr.}$.

Et qui lui coûteraient
pour le papier...... 5$^{fr.}$,20 $\times 13$ = 67$^{fr.}$,60 ;

pour les couvertures 2$^{fr.}$,10 $\times \dfrac{1060}{100} = 22^{fr.}$·26, en tout 67$^{fr.}$·60

+ 22$^{fr.}$,26 = 89$^{fr.}$,86.

Bénéfice, $106^{fr.} - 89^{fr.},86 = 16^{fr.},14.$

Bénéfice p. % du prix d'achat $\dfrac{16,14 \times 100}{89,86} = 17^{fr.},96$

— du prix de vente $\dfrac{16,14 \times 100}{106} = 15^{fr.},22.$

271. *Exposé de la numération écrite.*

Voir *Arithm.*

272. *Un cultivateur avait fait assurer ses bâtiments et son matériel d'exploitation, et le tout était estimé 52 000ᶠʳ. Il a été victime d'un incendie 3 ans 9 mois après avoir contracté son engagement avec la compagnie. Les dégâts ont été évalués aux $\dfrac{9}{13}$ des valeurs assurées. La prime d'assurance, fixée à 1ᶠʳ.,50 pour 1000 a été payée à la fin de chaque année. On demande quelle somme le cultivateur devra recevoir de la compagnie.*

RÉP. 36 000ᶠʳ.

Ce cultivateur est assuré pour une somme de 52 000ᶠʳ. Les dégâts sont évalués aux $\dfrac{9}{13}$ des valeurs assurées ; conséquemment il doit recevoir de la compagnie

$$52\,000^{fr.} \times \frac{9}{13} = 36\,000^{fr.}$$

273. *Division des nombres décimaux ; faire le raisonnement sur les exemples suivants :*

$$35,85 : 57 \text{ et } 4 : 0,025$$

Montrer que tout cas se ramène à celui où le diviseur est un nombre entier. Donner une règle à suivre pour la pratique.

Voir *Arithm.* (nᵒˢ 183 et 184).

274. *Partager 30 hectares en deux parties qui soient dans le rapport de $\dfrac{2}{3}$ à $\dfrac{5}{7}$.*

Exprimer les deux parties en mètres carrés et fractions de mètre carré.

La 1re part est à la seconde comme $\frac{2}{3}$ est à $\frac{5}{7}$, comme $\frac{2}{3}$ contient $\frac{5}{7}$.

Rapport de $\frac{2}{3}$ à $\frac{5}{7} = \frac{2}{3} : \frac{5}{7} = \frac{2\times 7}{3\times 5} = \frac{14}{15}$.

La 1re part vaut les $\frac{14}{15}$ de la seconde.

Il faut partager $30^{ha.}$ proportionnellement à 14 et à 15 ; $14 + 15 = 29$.

$$\text{Part de la } 1^{re} \quad \frac{30\times 14}{29} = 14^{ha.},4830$$

$$\text{Part de la seconde } \frac{30\times 15}{29} = 15^{ha.},5175$$

$$\text{Total} \ldots\ldots\ldots \quad \overline{30^{ha.},0005}$$

275. *Exposer les diverses mesures de surface. Etablir les rapports qui existent entre chacune de ces mesures et entre leurs multiples et leurs sous-multiples.*

Voir *Arithm.* (n°ˢ 240 et suivants).

276. *Avec* $154^{kg.}$ *de blé, on fait* $166^{kg.},832$ *de pain. A combien revient le kilogramme de pain : 1° si les* $154^{kg.}$ *de blé ont coûté* $55^{fr.},44$ *; 2° si les frais de fabrication sont de* $4^{fr.},80$ *pour* $100^{kg.}$ *de blé ?*

RÉP. $0^{fr.},38$.

Le prix de revient de $166^{kg.},832$ de pain se compose :

1° Du prix des $154^{kg.}$ de blé, soit .... $55^{fr.}44$

2° Du prix de fabricat. du pain, soit $4^{fr.}80 \times \frac{154}{100} =$ $7^{fr.}3920$

Ensemble..................... $\overline{62^{fr.}83}$

et $1^{kg.}$ de pain coûtera $\frac{62^{fr.},83}{166,832} = 0^{fr.},376$ ou $0^{fr.},38$.

277. *Exposer la division des nombres entiers en prenant l'exemple suivant : 6945 : 87.*

Indiquer comment on peut déterminer d'avance le nombre des chiffres du quotient ; à quoi cette détermination peut-elle servir ? A quel signe reconnaît-on que le chiffre trouvé au quotient est trop fort ou trop faible ?

Voir *Arithm.* (n° 73).

278. *Le receveur d'un omnibus a reçu pour douze places, tant d'intérieur que d'extérieur, la somme de 2ᶠʳ·85. Combien y a-t-il de places de chaque catégorie (les voyageurs paient 0ᶠʳ·,30 et 0ᶠʳ·,15 par place, selon qu'ils sont à l'intérieur ou non) ?*

RÉP. 7 places d'intérieur ; 5 d'extérieur.

S'il n'avait eu que des voyageurs d'intérieur, il aurait perçu 0ᶠʳ·,30×12=3ᶠʳ·,60, c'est-à-dire 3ᶠʳ·,60—2ᶠʳ·85=0ᶠʳ·75 de plus qu'il n'a perçu. S'il avait eu un voyageur d'extérieur, l'excédant de recette, 0ᶠʳ·,75, eût été diminué de la différence 0ᶠʳ·,30—0,15=0ᶠʳ·,15.

Il y a autant de voyageurs d'extérieur que 0ᶠʳ·,15 sont contenus dans 0ᶠʳ·,75, c'est-à-dire

$$\frac{0,75}{0,15}=5 \text{ voyageurs d'extérieur,}$$

et $\qquad 12-5=7 \qquad - \qquad$ d'intérieur.

Preuve : $\left.\begin{array}{l} 0^{\text{fr}}\!,30\times7=2^{\text{fr}}\!,10 \\ 0^{\text{fr}}\!,15\times5=0^{\text{fr}}\!,75 \end{array}\right\}=2^{\text{fr}}\!,85.$

279. *Expliquer les différents cas que présente la division des nombres décimaux, et expliquer, en s'appuyant sur des exemples, la manière d'opérer dans ces divers cas.*

Voir *Arithm.* (n°ˢ 180 et suivants).

280. *Une personne gagne 2200ᶠʳ· par an. Pour s'acquitter envers un créancier, elle paye annuellement 375ᶠʳ· ; combien lui reste-t-il à dépenser par jour ? Au bout de combien d'années aura-t-elle remboursé 2625ᶠʳ· qu'elle doit ?*

RÉP. 1° 5^{fr} ; 2° 7 ans.

1° Cette pers. peut dép. en 365 j. 2200^{fr}—375^{fr}=1825^{fr}.

et en 1 j. $\dfrac{1825}{365} = 5^{fr}$.

2° Elle aura remboursé 2 625^{fr} au bout de $\dfrac{2\,625}{375} = 7$ ans.

281. *Démontrer les changements qui s'opèrent dans la valeur d'une fraction plus grande que l'unité, lorsqu'un même nombre est ajouté à ses deux termes ou qu'il en est retranché.*

Voir *Arithm.* (n° 141).

282. *Un terrain de la contenance de 16 hectares 80 centiares a été vendu à raison de 1^{fr},75 le mètre carré, et le prix en a été placé en rente 5 p. °/₀ au cours de 98^{fr},50. Sachant que ce terrain était loué 11 000^{fr}, trouver le taux de l'augmentation du revenu que le propriétaire s'est procuré par son opération.*

RÉP. 1^{fr},15 p. °/₀.

16^{ha},0080^{ca} ou 160 080^{mq} à 1^{fr}.75 le mètre carré, valent 1^{fr},75×160 080=280 140^{fr}; en achetant avec cette somme du 5 p. °/₀ au cours 98^{fr},50 on se crée un revenu de

5^{fr}.×$\dfrac{280\,140}{98,5}$ . . . . = 14 220^{fr},3045

Ce terrain était loué primitivement . . 11 000^{fr}.

Augmentation de revenu . . . . . . 3 220^{fr},3045

Taux de l'augmentation p. °/₀ du revenu

$$\dfrac{3220^{fr},3045 \times 100}{280\,140^{fr}} = 1^{fr},15.$$

283. *Diviser* $\dfrac{7}{8}$ *par 8 et 8 par* $\dfrac{7}{8}$. *Expliquer les deux opérations.*

Voir *Arithm.* (n°ˢ 164-165).

284. *Un boulanger a retiré 95 pains de 3^{kg} chacun de 19^{DDl} de farine 2° qualité. Combien retirera-t-il de pains* de 2$^{ks}\cdot\frac{1}{2}$ chacun, de 20^{kl} de 3e qualité, sachant que le rendement de la 2e qualité est à celui de la 3e comme 7$\frac{1}{2}$ est à 6?

RÉP. 4800.

Le rendement de la 2e qualité de farine est à celui de la 3e comme 7$\frac{1}{2}$ est à 6, c'est-à-dire que le poids du pain fourni par la 2e qualité est égal aux $7\frac{1}{2} : 6 = \frac{15}{2} : 6 = \frac{5}{4}$ du pain fourni par l'autre farine et à quantité égale; ou encore que le second rendement n'est que les $\frac{4}{5}$ du premier.

19^{DDL} 2me qualité, donnent 3$^{kg} \times$ 95 = 285^{kg} ou $\frac{285}{2.5} =$ 114 pains de 2^{kg},5.

1^{DDl} 2me qualité, donne............ $\frac{114}{19}$

et 20 kilolitres ou $\frac{20\,000^{lt}}{20} = 1000^{DDl}$, $\frac{114 \times 1000}{19}$

et 1000^{DDl} 3me qualité, seulement les $\frac{4}{5}$, ou $\frac{114 \times 1000 \times 4}{19 \times 5}$ = 4800 pains de 2^{kg},5.

285. *Multiplication des nombres entiers : 1° 5$\times$7; 2° 348$\times$9; 3° 347.$\times$305. Montrer que toute multiplication s'effectue à l'aide de la table de multiplication. Donner la règle à suivre.*

Voir *Arithm.* (n°s 42, 43, 44 et suivants).

286. *Le rayon de la terre est égal à 6366 kilomètres, trouver la distance de la terre au soleil, sachant qu'elle vaut 24 000 rayons terrestres. Exprimer cette distance en lieues.*

RÉP. 38 196 000 lieues.

1° Cette distance est 6366$^{km} \times$ 24 000 = 152 784 000^{km}.

2° Ou bien, évaluée en lieues de 4^{km}, $\dfrac{152\,784\,000}{4} =$

$$38\,196\,000 \text{ lieues.}$$

287. *Conditions nécessaires pour qu'un nombre soit divisible par un autre.*

Applications du principe à la recherche du plus petit multiple commun à plusieurs nombres, et à la réduction des fractions au plus petit dénominateur commun.

Voir *Arithm.* (n°s 122, 125, 126 et 151).

288. *On a deux paiements à faire, l'un de* $12\,600^{fr}$, *payables dans 3 ans 6 mois, l'autre de* $24\,400^{fr}$ *payables dans 5 ans 8 mois. On voudrait s'acquitter en une seule fois, à l'aide d'un paiement de* $40\,000^{fr}$. *A quelle époque devra s'effectuer ce paiement, ayant égard aux intérêts simples à 4,5 p.* $°/_\circ$ *par an.*

Rép. 4^ans 2^m. et 11^j.

$12\,600^{fr}$ en 3 ans et 6 mois ou 42 mois, donneraient autant d'intérêt que $12\,600^{fr} \times 42 = 151\,200^{fr}$ en 1 mois.

$27\,400^{fr}$ en 5 ans et 8 mois ou 68 mois rapporteraient autant d'intérêt que $27\,400^{fr} \times 68 = 1\,863\,200^{fr}$ en 1 mois, et $151\,200 + 1\,863\,200 = 2\,014\,400^{fr}$ rapporteraient en 1 mois autant d'intérêts que les 2 billets précédents payables aux époques indiquées.

Pour rapporter un certain intérêt,
$2\,014\,400^{fr}$ resteraient placés 1^m.
1^{fr} — — $1^m \times 2\,014\,400$
et $40\,000^{fr}$ la somme des 2 billets, $\dfrac{1^m \times 2\,014\,400}{40\,000} = 50^m. 11^j.$
ou 4 ans, 2 mois et 11 jours.

Le payement unique devra s'effectuer à 4 ans, 2 mois et 11 jours d'échéance.

Nota. — Le taux est une donnée complétement inutile pour ces sortes de questions.

289. *Exposer la numération écrite.* — *On ne s'occupera que des nombres entiers.*

Voir *Arithmétique, Numération.*

290. *Une personne veut revendre avec 500$^{fr.}$ de bénéfice* 342^m,55 *de marchandise, qu'elle a payés à raison de* 18$^{fr.}$,25 *le mètre ; les* $\frac{7}{9}$ *de l'achat ont été vendus à raison de* 19$^{fr.}$,40 *le mètre. A quel prix faut-il vendre le reste de la marchandise pour réaliser le bénéfice indiqué ?*

RÉP. 1582$^{fr.}$,85.

Prix d'achat de la marchandise 18$^{fr.}$,25 $\times$
342.55. . . . . $=$ 6251$^{fr.}$,5375
Bénéfice que l'on veut réaliser. . . . . . 500$^{fr.}$
Prix de vente des 342^m,55. . . . . . . : 6751$^{fr.}$,5375

Les $\frac{7}{9}$ ou 342.54 $\times \frac{7}{9}$ ont été cédés pour

19$^{fr.}$,40 $\times$ 34255 $\times \frac{7}{9}$ . . . . $=$ 5168$^{fr.}$,68

Le prix de vente des $\frac{2}{9}$ restants sera de. . 1582$^{fr.}$,8575

291. *Division des nombres entiers. Faire le raisonnement sur les exemples suivants :* 1° 37 : 5 ; 2° 275 : 56 ; 3° 3,754 : 56. — *Preuve.*

Voir *Arithm.* (n°s 70 et suivants).

292. *L'air pèse 772 fois moins que l'eau : donner le poids du litre d'air.*

RÉP. 1$^{gr.}$,2948.

1 litre d'eau pèse 1$^{kg.}$ et 1 litre d'air $\dfrac{1^{kg.}}{772} = 1^{gr.}$,2948.

293. *Démontrer qu'il est impossible de simplifier une fraction quand ses deux termes sont premiers entre eux.*

Voir *Arithm.* (n° 145).

294. *La somme de deux fractions est égale à* $\frac{2}{3}$ *et leur différence est égale à* $\frac{1}{7}$: *quelles sont ces deux fractions?*

Rép. $\dfrac{11}{42}$; $\dfrac{17}{42}$.

Deux fois la petite fraction font $\dfrac{2}{3} - \dfrac{1}{7} = \dfrac{14}{21} - \dfrac{3}{21} = \dfrac{11}{21}$. Donc, petite fraction égale $\dfrac{11}{21} : 2 = \dfrac{11}{21 \times 2} = \dfrac{11}{42}$ et la plus grande $\dfrac{2}{3} - \dfrac{11}{42} = \dfrac{28}{42} - \dfrac{11}{42} = \dfrac{17}{42}$.

$$\text{Preuve:} \quad \dfrac{17}{42} - \dfrac{11}{42} = \dfrac{6}{42} = \dfrac{1}{7}.$$

295. *Partager 21 179^{fr} entre quatre personnes de manière que la première ait 365^{fr} de moins que la deuxième, la deuxième 528^{fr} de moins que la troisième et la troisième 759^{fr} de moins que la quatrième.*

Rép. 4567^{fr},25 ; 4932^{fr},25 ; 5460^{fr},25 ; 6219^{fr},25.

La 1re personne a reçu 1 part.
La 2e —   1 part et . . . . 365^{fr}
La 3e —   1 part et 365^{fr} + 528^{fr} = 893^{fr}
et la 4e —   1 part et 893^{fr} + 759^{fr} = 1652^{fr}

L'héritage entier, ou 21 179^{fr},
équivaut à 4 fois la part du premier héritier + 2910^{fr}.
Donc,

part de la 1re personne, $\dfrac{21\,179^{fr} - 2910^{fr}}{4} = $ 4567^{fr},25

de la 2e... 4567^{fr},25 + 365^{fr} = 4932^{fr},25
de la 3e... 4932^{fr},25 + 528^{fr} = 5460^{fr},25
de la 4e... 5460^{fr},25 + 759^{fr} = 6219^{fr},25

Total.... 21 179^{fr} »

296. *La plus haute des pyramides d'Égypte a 146^m de hauteur. On suppose une pile de pièces de 5 francs égale à cette hauteur. On demande le nombre et la valeur de ces pièces. Chaque pièce de 5 francs a 2 millimètres $\dfrac{1}{2}$ d'épaisseur.*

Rép. 58 400 pièces ; 292 000^{fr}.

146^m valent 146 000^{mm}. Une pièce de 5^{fr} a 2^{mm}. $\frac{1}{2}$ d'é-paisseur.

Pour faire une pile de 146^m de hauteur avec des pièces de 5^{fr} il en faudrait 146 000 : 2$\frac{1}{2}$ = 58 400.

La valeur de ces pièces serait de 5^{fr} $\times$ 58 400 = 292 000^{fr}.

297. *Qu'est-ce qu'une fraction irréductible? A quel signe reconnaît-on qu'une fraction est irréductible? Réduire la fraction* $\frac{105}{990}$ *à sa plus simple expression. — Existe-t-il plusieurs procédés? Énoncer en passant les principes ou les théorèmes sur lesquels on s'appuie.*

1° C'est une fraction qui ne peut plus être simplifiée.

2° Lorsque les termes sont premiers entre eux.

3° Pour cela je divise chacun de ses termes par leur plus grand diviseur (146).

P. g. c. d. à 105 et à 990 est 15; $\frac{105}{990} = \frac{105:15}{990:15} = \frac{7}{66}$.

4° Pour réduire la fraction $\frac{105}{990}$ à sa plus simple expression, on peut diviser : 1° chacun de ses termes successivement par leurs diviseurs communs; 2° par leur plus grand commun diviseur.

La simplification des fractions s'appuie sur les principes suivants :

1° Lorsqu'on divise les deux termes d'une fraction par un même nombre, cette fraction ne change pas de valeur.

2° Lorsqu'on divise deux nombres par leur p. g. c. d. les quotients sont premiers entre eux.

Et comme conséquence : lorsque les deux termes d'une fraction sont premiers entr'eux, elle est irréductible.

298. *Au zéro du thermomètre centigrade répond dans la graduation Fahrenheit le nombre 32, et au point 100 du premier répond le point 212. D'après cela, combien valent 97 degrés Fahrenheit?*

$$\text{RÉP. } 53° \frac{8}{9}.$$

Conséquemment 100° centigrades valent 212°—32°=180°
Fahrenheit et réciproquement
180° Fahrenheit valent 100° centigrades.

$$1° \quad - \quad \text{vaut } \frac{100°}{180°}$$

$$\text{et } 97° \quad - \quad \Big\} \quad - \quad \frac{100\times 97}{180} = 53° \frac{8}{9} \text{ centigrades.}$$

299. *Un litre d'huile de colza pèse 914 grammes ; on achète cette huile à* 1$^{fr.}$ 15 *le kilogramme. Quel sera le prix de* 2 *hectolitres* $\frac{3}{4}$ *de cette huile ? et que perdrait-on si, au lieu d'acheter cette huile au poids, on la payait* 1$^{fr.}$ 10 *le litre.*

$$\text{RÉP. } 13^{fr.},45.$$

$2^{lit.}\frac{3}{4}$ ou 275$^{lit.}$ à 1$^{fr.}$,10 le lit., coûtent 1$^{fr.}$,10$\times$275$=$ 302$^{fr.}$,50

$2^{lit.}\frac{3}{4}$ pèsent à raison de 0$^{kg.}$,914 gr. le lit. 0$^{kg.}$,914$\times$

275$=$251$^{kg.}$,350 et coûtent, achetés à 1$^{fr.}$,15 le kg.,
1$^{fr.}$,15$\times$275$=$ . . . . 289$^{fr.}$,05

En l'achetant au poids, on paye en moins
302$^{fr.}$,50 —289,05$=$. . . . . 13$^{fr.}$,45

300. *On a acheté* 278$^{lit.}$ *de vin à* 0$^{fr.}$,79 *le litre ; puis* 198 *à* 0$^{fr.}$,78, *puis* 789 *à* 0$^{fr.}$,97 ; *on a vendu le quart du tout à raison de* 0$^{fr.}$,80 *le litre : et le reste à raison de* 0$^{fr.}$,98 : *on demande quel bénéfice on a fait.*

$$\text{RÉP. } 43^{fr.},385.$$

Prix des 278$^{lit.}$ à 0$^{fr.}$,79, 0$^{fr.}$,79$\times$278$=$ 219$^{fr.}$,62
— des 198$^{lit.}$ à 0$^{fr.}$,78, 0$^{fr.}$,78$\times$198$=$ 154$^{fr.}$,44
— des 789$^{lit.}$ à 0$^{fr.}$,97, 0$^{fr.}$,97$\times$789$=$ 765$^{fr.}$,33

les 1265$^{lit.}$ ont coûté. . . . . 1139$^{fr.}$,39

$$\text{Prix de v. de } \tfrac{1}{4}, \; 0^{fr},80 \times 1265 \times \tfrac{1}{4} = \; \ldots \ldots \quad 253^{fr}$$

$$\text{des } \tfrac{3}{4} \text{ restants, } 0^{fr},98 \times 1265 \times \tfrac{3}{4} = \; \ldots \ldots \quad 929^{fr},775$$

Prix de vente total. . . . . $1182^{fr},775$
Bénéfice réalisé $1182^{fr},775 - 1139^{fr},39 = \quad 43^{fr},385$

301. *Pour faire une blouse, il faut $2^{m},90$ de marchandise, et la façon coûte $1^{fr},85$. Un marchand doit en faire confectionner 2 douzaines et demie en toile à $15^{fr},50$ le décamètre; il espère les revendre $8^{fr},20$ la pièce : combien gagnera-t-il?*

RÉP. $55^{fr},65$.

$$\text{Il faudra à ce marchand } 2^{m},90 \times 12 \times 2,\tfrac{1}{2} = 87^{m} \text{ de toile}$$

$$\text{Prix de la toile à } 15^{fr},50 \text{ le Dm., } \frac{15,50}{10} \times 87 = \; 134^{fr},85$$

$$- \text{ de la façon, } 1^{fr},85 \times 12 \times 2,\tfrac{1}{2} \ldots = \; 55^{fr},50$$

Prix de revient des 30 blouses . . . . $190^{fr},35$
Si ces 30 blouses sont revend. $8^{fr},20 \times 30 = 246^{fr}$
Le marchand gagnera . . . . . . $55^{fr},65$

302. *Un père de famille gagne $3^{fr},50$ par jour; il veut économiser 250^{fr} par an; il se repose le dimanche et 8 jours de fête; combien peut-il dépenser par jour?*

RÉP. $2^{fr},2398$.

Ce père de famille ne travaille pas pendant 60 jours et gagne en une année $3^{fr},50 \times 305 = 1067^{fr},50$. S'il économise 250^{fr}, il lui reste $1067^{fr},50 - 250 = 817^{fr}50$, et par jour il peut dépenser $\dfrac{817^{fr},50}{365} = 2^{fr},2398$.

303. *On veut disposer d'une somme de 4935^{fr} pour garnir un certain nombre de lits de deux paires de draps chacun; chaque drap doit avoir $3^{m}50$ de longueur et une largeur double de celle de la toile que l'on emploie; le* mètre de cette toile coûtant 2fr.35, combien de lits pourra-t-on garnir ?

RÉP. 75 lits.

La toile coûte 2fr.,35 le mètre, avec 4935fr., on pourra en acheter $\dfrac{4935^{fr.}}{2^{fr.},35} = 2100$ mètres.

Pour garnir 1 lit, il faut $3^m.50 \times 2 \times 4 = 28$ mètres de toile.

Avec $2100^m.$, on pourra garnir $\dfrac{2100}{28} = 75$ lits.

304. *25 mètres d'étoffe à deux tiers de large ont coûté 48fr.; à combien reviendraient 12 mètres d'étoffe de la même qualité, mais qui aurait trois quarts de large ?*

RÉP. 25fr.,92.

$1^m.$ d'étoffe à $\dfrac{2}{3}$ de large coûte $\dfrac{48^{fr.}}{25}$

$1^m.$ — à $\dfrac{3}{3}$ — $\dfrac{48 \times 3}{25 \times 2}$

$1^m.$ — à $\dfrac{1}{4}$ — $\dfrac{48 \times 3}{25 \times 2 \times 4}$

$12^m.$, m. q^{té} à $\dfrac{3}{4}$ coûtent $\dfrac{48 \times 3 \times 12 \times 3}{25 \times 2 \times 4} = 25^{fr.}92$

305. *Un marchand qui a acheté du vin à 1fr.,20 le litre et du vin à 0fr.,84 le litre, les mélange dans la proportion de 5 litres du premier pour 8 litres du second : combien devra-t-il vendre le litre du mélange pour gagner 15fr. par hectolitre ?*

RÉP. 1fr.,128.

5 litres du 1er vin, valent 1fr.,2 $\times 5$ . . . . $=$ 6fr.

8 litres du 2e — 0fr.,84 $\times 8$ . . . . $=$ 6fr.,72

Sur 13 litres il veut gagner $\dfrac{15^{fr.}}{100} \times 13$ . . . . $=$ 1fr.,95

Ces 13 litres seront revendus . . . . $=$ 14fr.,67

et 1 litre, $\dfrac{14.67}{13} = 1^{fr.},128.$

806. *Un ouvrage de terrassement qui coûte 3400 fr. a été entrepris par trois compagnies. La première compagnie est composée de 6 ouvriers qui ont travaillé pendant 5 jours ; la deuxième de 5 ouvriers qui ont travaillé 12 jours, et la troisième de 4 ouvriers qui ont travaillé 20 jours. Combien revient-il à chaque compagnie ?*

Rép. 600$^{fr.}$; 1200$^{fr.}$; 1600$^{fr.}$.

On doit à la 1re comp. $5 \times 6 = 30$ journées de travail.
— à la seconde . $12 \times 5 = 60$ —
— à la troisième $20 \times 4 = 80$ —

Il reste à partager 3400$^{fr.}$, prix du terrassement, proportionnellement aux nombres 30, 60 et 80, ou 3, 6, 8 ; $3 + 6 + 8 = 17$.

Il revient à la première compagnie $\dfrac{3400 \times 3}{17} = 600^{fr.}$

— à la seconde . . . . $\dfrac{3400 \times 6}{17} = 1200^{fr.}$

— à la troisième . . . . . . $\dfrac{3400 \times 8}{17} = 1600^{fr.}$

Total. . . . . $\overline{3400^{fr.}}$

307. *Le produit d'une multiplication est-il toujours plus grand que le multiplicande ?*
Prendre pour exemple : 1° 109×78 ; 2° $0,075 \times 104$; 3° $\dfrac{2}{3} \times \dfrac{4}{9}$.

Le produit de la multiplication est plus petit que le multiplicande quand le multiplicateur est moindre que l'unité ; cela résulte de la définition même de la multiplication.
Dans les exemples suivants,
$$109 \times 78 = 8502$$
et . . . . $0,075 \times 104 = 7, 8,$
les produits obtenus se composant respectivement de 78 fois et de 104 fois le multiplicande, sont supérieurs au multiplicande.
Mais dans l'exemple
$$\frac{2}{3} \times \frac{4}{9} = \frac{8}{27}$$

le multiplicateur n'étant que les $\frac{4}{9}$ de l'unité, le produit

ne se compose que des $\frac{4}{9}$ de $\frac{2}{3}$, et est inférieur à $\frac{2}{3}$.

308. *Trois personnes héritent en commun d'une somme de 2925^{fr}, mais le partage doit avoir lieu de la façon suivante : la troisième personne aura autant que la deuxième et la première, et celle-ci aura 250^{fr} de moins que la deuxième. Quelle est la part de chaque personne et que produira chaque part placée à $4\frac{1}{2}$ pour 100 l'an ?*

RÉP. 1° 606^{fr},25 ; 856^{fr},25 ; 1462^{fr},25.
2° 27^{fr},28 ; 38^{fr},53 ; 65^{fr},81.

1° De l'énoncé du problème, il résulte que la 3e personne seule, aura la moitié de l'héritage, et que l'autre moitié sera partagée également entre les deux autres personnes, après que la seconde aura prélevé 250^{fr}.

Donc, part de la 3e personne, $\dfrac{2925^{fr}}{2} = 1462^{fr},50$

— 2°, $250^{fr} + \dfrac{1462,50 - 250}{2} = 856^{fr},25$

— 1re .... $\dfrac{1462,50 - 250}{2} = 606^{fr},25$

Total............. 2925^{fr} »

2° Intérêt à 4 p. % de la 1re part $\dfrac{4,5 + 606,25}{100} = 27^{fr},28$

— de la 2°..... $\dfrac{4,5 + 856,25}{100} = 38^{fr},53$

— de la 3°..... $\dfrac{4,5 + 1462,50}{100} = 65^{fr},81$

309. *Exposer le système monétaire tel qu'il existe aujourd'hui, en indiquant les modifications qui y ont été apportées depuis 1864.*

Voir *Arithm.* (n°s 266 et suivants).

310. *Les rails de chemin de fer pèsent 38^{kg}· par mètre courant, et la longueur de chaque rail est de 5^m· La tonne de fer pour rails se paye 375^{fr}· On demande le poids total et le prix des rails nécessaires pour établir un chemin de fer à double voie sur une longueur de 4^{myr}·?*

RÉP. 1° 6 080 000^{kg}· ou 6080^t· ; 2° 228 000^{fr}·

1° Ce chemin de fer est à double voie et a une longueur de 4^{myr}· ou 40 000^m·, c'est-à-dire qu'il y a quatre lignes de rails de 40 000^m· chacune, ou 40 000×4=160 000^m· de rails.

1^m· de rail pèse.. 38^{kg}·

160 000^m· pèseront .... 38^{kg}·×160 000 = 6 080 000^{kg}· = 6080 tonnes.

2° 1 tonne coûte ..... 375^{fr}·

et 6080 tonnes coûteront 375^{fr}·×6080 = 228 000^{fr}·.

311. *Diviser 0,719 par $\frac{1}{6}$ et expliquer l'opération.*

RÉP. $0,719 : \frac{1}{6} = \frac{0,719 \times 6}{1} = 4,314.$

On opère absolument comme si le dividende était un nombre entier seulement on divise par 1000 le résultat obtenu. Voir Arithm. (n° 165).

312. *L'alliage employé dans la fabrication d'une cloche est composé de 8 parties de cuivre et de 2 d'étain. Le cuivre vaut 4^{fr}·,75 le kilog. et l'étain 5^{fr}·,25 ; les frais de fabrication s'élèvent à 10 pour 100 du prix de la matière. On demande, d'après cela, le prix de la cloche, sachant qu'elle pèse 1345 kilogrammes.*

RÉP. 7175^{fr}·,575.

Dans cette cloche, il entre :

$$\frac{1345 \times 8}{10} = 1076^{kg}· \text{ de cuivre}$$

$$\text{et } \frac{1345 \times 2}{10} = 269^{kg}· \text{ d'étain.}$$

Prix du cuivre, à 4^{fr},75 le kilog., 4^{fr},75 $\times$ 1076 = 5111^{fr},
de l'étain, à 5^{fr},25 le kilog., 5^{fr},25 $\times$ 269 = 1412^{fr},25

Prix total de l'alliage...... $\overline{6523^{fr},25}$

Frais de fabrication s'élevant au 10e du prix
de la matière employée ci................. 652^{fr},325

Prix de revient de la cloche $\overline{7175^{fr},575}$

313. *Ce qu'on entend par réduire des fractions au même dénominateur. Principes sur lesquels repose cette transformation.*

Application de la règle à suivre sur les fractions.

$$\frac{2}{3}, \frac{4}{5}, \text{ et } \frac{6}{7}.$$

Voir Arithm. (n°s 147 et suivants).

314. *Une personne a placé un certain capital à 5 pour 100, pendant un an 2 mois 12 jours. Au bout de ce temps les intérêts joints au capital ont produit une somme de 27178^{fr},40. On demande quel était le capital placé ?*

Rép. 26 913^{fr},05.

Intérêts de 100^{fr}, à 5 p. %, pour 2 mois et 12 jour ou 72 jours :

$$\frac{5 \times 72}{365} = \frac{72}{73} \text{ de franc.}$$

Donc 100^{fr} $+ \dfrac{72}{73}$ ou $\dfrac{7372}{73}$ de franc proviennent de 100^{fr}

de capital, $\dfrac{1}{73}$ provient de $\dfrac{100}{7372}$

et $\dfrac{73}{73}$ ou 1^{fr}. de $\dfrac{100 \times 73}{7372}$

et enfin 27178^{fr},40.. de $\dfrac{100 \times 73 \times 27178^{fr},40}{7372} = 26913^{fr},05$

Nota : On aurait pu sans commettre une grande erreur de calcul, faire 2 mois et 12 jours = à 73 jours, et dans ce cas, diviser simplement 27178^{fr},40 par 101.

315. *Trouver tous les diviseurs de 360. Donner la solution raisonnée.*

Voir *Arithm.* (n°s 123 et 124).

316. *Un marchand de Paris est appelé pour ses affaires à Bordeaux; chaque heure de repos jusqu'à son arrivée lui coûte* 2^{fr.},75.

En prenant un train express, il pourra partir à 10^{h.},45^{m.} *du matin, il arrivera à Bordeaux à* 10^{h.},18^{m.} *du soir, et le trajet lui coûtera* 71^{fr.}20.

En prenant un train ordinaire, il partira de Paris à 11^{h.},45^{m.} *du matin, il arrivera à Bordeaux le lendemain à* 4^{h.},49^{m.} *du matin, et le trajet lui coûtera* 53^{fr.},40. *Quelle est la voie la plus économique et à combien s'élèvera la dépense totale ?*

Rép. 1° Le train express est le plus économique ;
2° 102^{fr.},96.

Si ce marchand prend un train express, il éprouve un retard de (12^{h.}—10^{h.},45^{m.})+10^{h.},18^{m.}=11^{h.},33^{m.} et conséquemment une perte de 2^{fr.},75×11,$\frac{33}{60}$=31^{fr.},76, et sa dépense s'élève à 31^{fr.},76+71^{fr.},20=102^{fr.},96.

En prenant un train ordinaire qui part à 11 h. 35 min. seulement, le retard qu'il éprouve est de 1^{h.}+(12^{h.}—11^{h.},45^{m.}+12^{h.}+4^{h.},49^{m.})=18^{h.},4^{m.} et la perte et la dépense sont de 2^{fr.},75×18$\frac{4}{60}$+53^{fr.}=104^{fr.},73.

1° et 2° En partant par le train express on réalise une économie de 104^{fr.},73—102^{fr.},96=1^{fr.},77 et la dépense totale s'élève à 102^{fr.},96.

317. *Que faut-il entendre par ces mots : multiplier* $\frac{3}{4}$ *par* $\frac{5}{7}$ *? Démontrer que le produit est tout à la fois plus petit que* $\frac{3}{4}$ *et que* $\frac{5}{7}$.

1° Multiplier $\frac{3}{4}$ par $\frac{5}{7}$ c'est prendre les $\frac{5}{7}$ de $\frac{3}{4}$ puisque d'après la définition même de la multiplication, le produit se compose du multiplicande comme le multiplicateur se compose de l'unité.

En conséquence du même principe, on aura :

1° $\frac{3}{4} \times \frac{5}{7} < \frac{3}{4}$, puisque $\frac{5}{7}$ est plus petit que l'unité.

$$\frac{3}{4} \times \frac{5}{9} = \frac{5}{7} \times \frac{3}{4} \quad (48) \quad \text{d'où l'on tire}$$

2° $\frac{5}{7} \times \frac{3}{4} < \frac{5}{4}$ puisque $\frac{3}{4}$ est moindre que l'unité.

318. *La distance de Paris à Mantes est de* 57^{km}. *Un train partant de Paris à* 8^h. *du matin, arrive à Mantes à* 9^h. 1. *Un train partant de Mantes à* 8^h. 32 *du matin arrive à Paris à* 10^h. 20. *A quelle heure et à quelle distance de Paris les deux trains se rencontreront-ils ?*

RÉP. 1° 8^h.,49^m.,8 ; 2° 46^{km}.,534.

1° Pour faire le trajet de Paris à Mantes, le 1er train met 9^h.,1 — 8^h.=1^h.,1=61 minutes
et le second 10^h.,20 — 8^h.,32=1^h.,48=108 minutes.

En 1 minute,

le premier train parcourt $\frac{1}{61}$ du trajet

le second $\frac{1}{108}$

et ensemble $\frac{1}{61} + \frac{11}{108} = \frac{108}{6588} + \frac{68}{6588} = \frac{176}{6588}$.

Lorsque le train de Mantes part, celui de Paris est en marche depuis 32 minutes, et a fait les $\frac{31}{61}$ du parcours, il

en reste les $\frac{61}{61} - \frac{32}{61} = \frac{29}{61}$, que les deux locomotives, allant

à la rencontre l'une de l'autre feront en $\frac{29}{61} : \frac{176}{6588} =$

$\frac{29 \times 6588}{61 \times 176} =$ 17 min. $\frac{8}{10}$ environ.

Heure de la rencontre, $8^h,32^m + 17^m \cdot \frac{8}{10} = 8^h,49^m,8$.

2° Le 1er train aura marché pendant 32 min. + 17 min.,8 = 49 min. 8 et sera au moment de la rencontre à une distance de Paris, équivalente à $\frac{57^{km} \times 49,8}{61} = 46^{km},534$.

319. *Une personne a acheté $485^m,25$ de marchandises, à raison de $15^{fr},35$ le mètre ; en la revendant, elle veut réaliser un bénéfice de 840^{fr} sur le tout ; les $\frac{4}{5}$ de l'achat ont déjà été vendus à raison de $16^{fr},85$. Quel doit être le prix du mètre de ce qui reste encore à vendre?*

Rép. 18^{fr}

Pr. d'achat de la march. $15^{fr},35 \times 485,25 = 7448^{fr},5875$
Bénéfice que l'on veut réaliser .... $= 840$
Prix de vente total .... $8288^{fr},5875$

Les $\frac{4}{5}$ ou $\frac{485,25 \times 4}{5} = 388^m,20$ ont été vendus $16^{fr},85 \times 388^m,20 .. .. = 6541^{fr},17$

Prix de vente du $\frac{1}{5}$ ou des $97^m,05$ restants, $1747^{fr},4175$

de 1^m. $\frac{1747,4175}{97,05} = 18^{fr}$.

320. *Une famille composée de 9 personnes consommant chacune en moyenne 5 kilog. 166 de pain et 1 kil. 185 de viande par semaine, a obtenu du boulanger une réduction de $0^{fr},04\frac{1}{2}$ sur le prix du pain de 3 kilog. une réduction de $0^{fr},07\frac{1}{4}$ sur le prix du demi-kil. de viande: quelle sera l'économie annuelle réalisée par la famille sur ces fournitures, et combien pour cent gagnera-t-elle par semaine ?*

Rép. 117^{fr}.

En 365 jours, ces 9 personnes consomment :

$$\frac{5^{kg}.,166\times365\times9}{7}=2424^{kg}.,33 \text{ de pain ;}$$

et $$\frac{1,185\times365\times9}{7}=556^{kg}.,103 \text{ de viande.}$$

Économie réalisée sur le pain $0,045\times\dfrac{2424,33}{3}=36^{fr}.,365$

Sur la viande, $0,0725\times556,103\times2=83^{fr}.,635$

Économie totale annuelle . . . . . . $117^{fr}.$

321. *On achète 3 pièces d'étoffe de même qualité pour une somme totale de 1931^{fr}.,37. La première a 12 mètres de plus que la seconde ; la seconde 45^m.,75 de plus que la troisième ; celle-ci coûte 270^{fr}.,50. Quelle est la longueur de chaque pièce ?*

RÉP. 82^m.,75 ; 70^m.,75 ; 25^m.

La première pièce a 12^m. $+$ 45^m.,75 $=$ 57^m.,75 de plus que la 3me et la seconde 45^m.,75. Ensemble, elles valent 3 fois autant que la troisième plus (57^m.,75 $+$ 45^m.,75) $=$ 103^m.,50.

La pièce entière vaut . . . . 1931^{fr}.,37
3 fois la 3me valent 270^{fr}.,50$\times$3 . . . . . $=$ 811^{fr}.,50
Donc les 103^m.,50 valent la différence ou . . 1119^{fr}.,87

$$\text{et } 1^m, \frac{119,87}{103,50}=10^{fr}.,80.$$

D'où, contenance de la 3me pièce $\dfrac{270,50}{10,80}=25^m.$

         de la 2me — $25+45,75=70^m.,75$
         de la 1re — $25+57,75=82^m.,75$

322. *Quel est le capital qui, augmenté de ses intérêts à 3 $\frac{3}{4}$ pour 100 pendant 50 jours produit 193^{fr} ?*

RÉP. 192^{fr}.

100^{fr}. en 360 jours rapportent 3^{fr}.,75

100^{fr}. en 50 —   — $\dfrac{3,75\times50}{360}=0^{fr}.,52$ et deviennent au bout de ce temps 100^{fr}. $+$ 0,52 $=$ 100^{fr}.,52.

100^{fr},52 proviennent de 100^{fr} de capital

$$1^{fr} \quad \text{provient de...} \quad \frac{100}{100,52}$$

$$\text{et } 193^{fr} \quad - \quad \text{de...} \quad \frac{100 \times 193}{100,52} = 192^{fr}$$

323. *Un robinet fournit 365 centilitres d'eau par minute ; on le laisse ouvert pendant 4 heures 35 minutes. A quelle hauteur s'élèvera l'eau dans un bassin ayant pour dimension de sa base 15 décimètres de longueur sur 46 centimètres de largeur.*

RÉP. 1^{m},4547.

En 4^{h},35^{m} ou 275 minutes le robinet a versé dans le bassin 365$^{cent.}$ $\times$ 275 = 100 375$^{cent.}$ = 1003$^{dm^3}$,75.

Ce volume d'eau est égal au produit de la surface de la base du bassin par la hauteur cherchée.

Surf. de la base du bassin 1^{m},5 $\times$ 0^{m},46 = 0$^{m^2}$,69 = 69$^{dm^2}$.

Hauteur de l'eau, dans ce bassin $\dfrac{1\,003,75}{69} = 14^{dm}$,547 =

1^{m},4547.

324. *A quel taux place-t-on son argent, quand on achète du 3 pour °/₀ à 69^{fr},90 ?*

RÉP. 4^{fr},30

69^{fr},90 rapportent, en un an 3^{fr}.

$$1^{fr} \text{ rapportera}\ldots\ldots\ldots \quad \frac{3}{69.90}$$

$$\text{et } 100^{fr} \text{ rapporteront}\ldots\ldots \quad \frac{3 \times 100}{69.90} = 4^{fr},2918.$$

On place son argent au taux 4,29 ou mieux 4^{fr},30 p. °/₀.

325. *Un ouvrier qui fait les $\frac{3}{5}$ d'un ouvrage, a reçu pour sa part 44^{fr},15. Quel est le prix de l'ouvrage entier ?*

RÉP. 73^{fr},58 ou mieux 73^{fr},60.

Les $\dfrac{3}{5}$ de l'ouvrage ont coûté $44^{fr},15$

$\dfrac{1}{5}$ —   — $\dfrac{44,15}{3}$

Les $\dfrac{5}{5}$ ou l'ouvrage entier $\dfrac{44,15\times5}{3}=73^{fr},58.$

326. *Multiplication des nombres décimaux. Faire le raisonnement sur les exemples suivants :*

$$40,35\times4,56\times0,022.$$

Montrer que tous les autres cas se ramènent à ces deux là. — Règle à suivre dans la pratique.

Voir *Arith.* (n°ˢ 182 et suivants).

327. *Déterminer le titre d'un lingot d'argent obtenu en faisant fondre ensemble : 100^{fr} en pièces de 5^{fr} et 100^{fr} en pièces au-dessous de 5^{fr}. On sait que le titre des premières est de 0,900 et que le titre des autres est de 0,835. — Définir le titre.*

RÉP. 0,8675.

Le titre d'un lingot est le rapport du poids du métal fin qu'il contient à son poids total.

100^{fr} en pièces de 5^{fr} pèsent

$5^{gr}\times100=500^{gr}$ et contien. $500\times0,09=450^{gr}$ d'arg. pur

100^{fr} en monnaie d'argent divisionnaire

pès. $5\times100=500^{gr}$ et cont. $500\times0,835=417^{gr},5$ —

Ces $500+500=1000^{gr}$ de monn. cont. $\overline{867^{gr},5}$

Le titre demandé est $\dfrac{867,5}{1000}=0,8675.$

328. *Exposer la règle à suivre pour convertir une fraction ordinaire en fraction décimale. Appliquer cette règle aux quatre fractions suivantes:* $\dfrac{7}{40},\ \dfrac{3}{11},\ \dfrac{4}{7}$ *et* $\dfrac{7}{24}.$

Quelles sont les remarques les plus importantes auxquelles peuvent donner lieu les résultats obtenus?

Voir *Arith.* (n°ˢ 186, 187, 188).

329. *On veut mélanger des vins à 35ᶠʳ· et à 28ᶠʳ· l'hectolitre, de manière qu'un hectolitre de mélange revienne à 30ᶠʳ·; de combien de litres du premier et de litres du second le mélange devra-t-il se composer ?*

RÉP. 200ˡⁱᵗ· à 35ᶠʳ· ; 500ˡⁱᵗ· à 28ᶠʳ·

Je fais la différence entre les deux premiers prix et le prix moyen, puis je dispose les calculs comme suit :

$$35 \qquad 2$$
$$30$$
$$28 \qquad 5$$

Si, pour faire le mélange on prend
1° 2ʰˡ· à 35ᶠʳ· on perd 5ᶠʳ·×2 ;
2° 5ʰˡ· à 28, on gagne 2ᶠʳ·×5.

Mais $5×2=2×5$ d'où l'on voit, qu'en faisant le mélange dans la proportion de 2ʰˡ· à 35ᶠʳ· pour 5ʰˡ· à 28ᶠʳ· la perte compense le gain.

On prendra 200ˡⁱᵗ· à 35ᶠʳ· l'hectolitre et 500ˡⁱᵗ· à 28ᶠʳ·

Preuve : 2ʰˡ· à 35ᶠʳ· valent 35ᶠʳ·×2 . . . . = 70ᶠʳ·
5ʰˡ· à 28ᶠʳ· — 28ᶠʳ·×5 . . . . = 140ᶠʳ·
et 7ʰˡ· du mélange valent. . . . . 210ᶠʳ·

$$\text{et } 1^{hl\cdot} \quad \frac{210}{7} = 30^{fr\cdot}$$

330. *Expliquer la division, et appliquer le raisonnement sur l'exemple suivant : 384812 : 503.*

Voir *Arithm.* (n° 73).

331. *Une marchande a acheté 35 pièces de 60 mètres chacune à raison de 1065ᶠʳ· la pièce. Elle a vendu le tout avec un bénéfice de 8 %.*
On demande le prix d'achat du mètre, le prix de vente et le bénéfice de la marchande pour chaque mètre.

RÉP. 1° 17ᶠʳ·,75 ; 2° 19ᶠʳ·17 ; 3° 1ᶠʳ·42.

1° Pr. d'achat de 60ᵐ·×35 = 2100ᵐ, 1065ᶠʳ·×35 = 37275ᶠʳ·

$$\text{— de } 1^{m\cdot}, \quad \frac{37275^{fr\cdot}}{2100} = 17^{fr\cdot},75$$

2° On a fait un bénéfice de 8 °/₀, c'est-à-dire que le prix de vente vaut les 108/100 du prix d'achat.

$$\text{Prix de vente des } 2100^{m}, \quad 37275 \times \frac{108}{100} = 40257^{fr}.$$

$$— \quad \text{de} \quad 1^{m}, \quad \frac{40257}{2100} \ldots = 19^{fr},17$$

3° Bénéfice de la marchande pour chaque mètre

$$19^{fr},17 — 17^{fr},75 = 1^{fr},42.$$

832. *Expliquer dans quels cas le quotient d'une division est inférieur, égal ou supérieur au dividende. A quoi reviennent les divisions d'un nombre par* $\frac{1}{3}$, *par* $\frac{1}{7}$, *par 0,5, par 0,25 ?*

On sait que le diviseur et le quotient varient dans un rapport inverse et que le quotient est égal au dividende quand le diviseur est égal à l'unité.

Consêquemment,

Le quotient est inférieur au dividende quand le diviseur est plus grand que l'unité;

Il est égal au dividende quand le diviseur est l'unité;

Il est supérieur au dividende quand le diviseur est moindre que l'unité;

Diviser un nombre par $\frac{1}{3}$, $\frac{1}{7}$; 0,5, 0,25; revient à multiplier ce nombre par 3, 7, $\frac{1}{2}$, $\frac{1}{4}$.

833. *Neuf ouvriers s'engagent à faire un ouvrage en 16 jours : après avoir fait 6 journées de 10 heures de travail, ils ne sont qu'au tiers de l'ouvrage. Combien devront-ils travailler d'heures pendant le temps qu'il leur reste pour terminer au jour dit ?*

Rép. 100 heures.

Ces ouvriers doivent faire, en un jour $\frac{1}{16}$ de l'ouvrage, et en $1^h \cdot \frac{1}{160}$; ils ont déjà travaillé pendant 6 jours ou $10 \times 6 = 60^h \cdot$ et ont fait $\frac{60}{160} = \frac{3}{8}$ de cet ouvrage; il en reste les $\frac{5}{8}$.

Pour faire ces $\frac{5}{8}$, ils devront travailler pendant $\frac{5}{8} : \frac{1}{160} = \frac{5 \times 160}{8} = 100$ heures. C'est-à-dire 10 heures par jour, comme précédemment.

334. *Diviser 52 854 par 27, et exposer le raisonnement.*

Voir *Arithm.* (n° 73).

335. *Avec 3 kilog. 75 de fil, on a fabriqué une pièce de toile ayant 65 mètres de longueur sur 1^m,12 de largeur; combien faudra-t-il de kilogrammes de ce même fil pour fabriquer une pièce de toile de 41 mètres de longueur sur 1^m,24 de largeur?*

Rép. $21^{kg} \cdot$,474.

Surface de la première pièce $65 \times 1',12 = 72^{m^2}$,80
—   de la deuxième..... $41 \times 1,24 = 50^{m^2}$,84.
Pour 72^{m^2},80 de toile, il faut $30^{kg} \cdot 75$ de fil,

$$— \quad 1^{m^2} \quad — \quad \frac{30,75}{72,80}$$

$$\text{et} \quad — \quad 50^{m^2},84 \quad — \quad \frac{30,75 \times 50,84}{72,80} = 21^{kg} \cdot,474$$

336. *Diviser 18 par $\frac{4}{5}$ et $\frac{7}{8}$ par $\frac{2}{9}$. Expliquer ces opérations. Faire voir que par la première division on a le prix d'une mètre d'une étoffe lorsqu'on sait que les $\frac{4}{5}$ d'un mètre de cette étoffe coûtent 18 francs.*

Voir *Arithm.* (n°ˢ 165 et 166).

Lorsque $\frac{4}{5}$ de mètre d'une étoffe coûtent 18^{fr}, on a bien le

prix d'un mètre en divisant 18 par $\frac{4}{5}$.

En effet : $18 : \frac{4}{5} = \frac{18 \times 5}{4}$.

$\frac{4}{5}$ de mètre coûtent 18^{fr}.

$$\frac{1}{5} \qquad\qquad \frac{18}{4}$$

et $\frac{5}{5}$ ou 1 mètre...... $\dfrac{18 \times 5}{4}$.

En comparant ce résultat au premier obtenu, on voit qu'ils sont identiques et qu'en divisant 18 par $\frac{4}{5}$ on a le prix demandé.

337. *Avec un lingot d'argent pesant* 2^{kg},23, *et au titre de* 0,950 *faire :* 1° *des pièces de* 5 *francs ;* 2° *des pièces de* 1 *franc en ajoutant le cuivre nécessaire. Combien fera-t-on de pièces de chaque sorte ?*

Rép. 1° 94 p. de 5^{fr}; 2° 507 p. de 1^{fr}; 3° 123^{gr},5, et 307^{gr},125.

On sait que les pièces de 5^{fr} sont au titre 0,9 et les pièces de 1^{fr} au titre 0,835.

Ce ling. pèse 2^{kg},23 et cont. $2,23 \times 0,950 = 2^{kg},1185$ d'a. p.
1 p. de 5^{fr} pèse 25^{gr} et cont. $25 \times 0,9 = 22^{gr},5$ —
1 p. de 1^{fr} pèse 5^{gr} et cont. $5 \times 0,835 = 4^{gr},175$ —

On pourra fabriquer :

1° $\dfrac{2^{kg},1185}{22,5} = 94$ p. de 5^{fr} et il reste 3^{gr},50.

2° $\dfrac{2^{kg},1185}{4,175} = 507$ p. de 1^{fr} et il reste 2^{gr},125.

Pour fabriquer les pièces
de 5^{fr} on aj. $25 \times 94 + 3,50 - 2^{kg},23 = 123^{gr},5$ de cuivre
de 1^{fr} on aj. $5 \times 507 + 2,125 - 2^{kg},23 = 307^{gr},125$ —

338. *Un boucher a acheté 16 moutons qui lui ont coûté 15ᶠʳ· d'achat, 1ᶠʳ·,70 de droit d'octroi, 0ᶠʳ·,60 d'abatage, il a dépensé en outre pour les nourrir pendant 3 jours 18ᶠʳ· de fourrage par jour.*

Chaque mouton a produit 18ᵏᵍ· de viande, plus 4ᶠʳ·,15 de produits divers. Combien ce boucher doit-il vendre le kilogramme de viande pour faire un bénéfice de 12 pour 100 sur ses déboursés ?

RÉP. 1ᶠʳ·,05.

Chaque mouton revient à 15ᶠʳ· $+$ 1ᶠʳ·,70 $+$ 0,6 $=$ 17ᶠʳ·,30.
Ce boucher veut gagner 12 p. °/₀ sur ses déboursés ; le prix de vente sera composé comme suit :

1° Du prix d'achat des moutons, 17ᶠʳ·,50 $\times$ 16 $=$ 276ᶠʳ·,80
2° Du prix de la nourriture pour 3 j., 18ᶠʳ· $\times$ 3 $=$ 54ᶠʳ· »
3° Du bénéfice de 12 p. °/₀ sur le montant de

ses déboursés soit (276ᶠʳ·,80 $+$ 54ᶠʳ·) $\dfrac{12}{100}$ = ... 39ᶠʳ·,70

Total du prix de vente...... $\overline{370ᶠʳ·,50}$
A déduire, le montant du revenu produit par les 16 moutons ou 4ᶠʳ·,15 $\times$ 16 $=$.................. 66ᶠʳ·,40

Différence..... $\overline{304ᶠʳ·,10}$

Les 16 moutons pèsent ensemble 18ᵏᵍ· $\times$ 16 $=$ 288ᵏᵍ·.
Les 288ᵏᵍ· de viande seront vendus 304ᶠʳ·,10

et 1ᵏᵍ· — $\dfrac{304ᶠʳ·,10}{288}$ = 1ᶠʳ·,05

339. *Un marchand a acheté 27 pièces de drap de 60 mètres chacune, à raison de 23ᶠʳ·,75 le mètre ; il a vendu le tout avec un bénéfice de 7$\frac{1}{2}$ pour 100. On demande le prix d'achat, le prix de vente et le bénéfice du marchand.*

RÉP. 1° 38475ᶠʳ· ; 2° 41360ᶠʳ·,625 ; 3° 2885ᶠʳ·,625.

1° Les 27 pièces de drap contiennent 60ᵐ $\times$ 27 $=$ 1620 mètres et ont coûté 23ᶠʳ·,75 $\times$ 1620 $=$ 38475ᶠʳ· ;

2° Gagner 7$\frac{1}{2}$ pour °/₀ sur le prix d'achat c'est vendre

107^{fr},50 ce qui a coûté 100^{fr}, $\dfrac{107^{fr},5}{100}$, ce qui a coûté 1^{fr}.

Le drap acheté a donc été rev. $\dfrac{107,5}{100} \times 38475 = 41360^{fr},625$.

3° Bénéfice du marchand, $41370^{fr},625 - 38475^{fr}, = 2885^{fr},625$.

340. *Un bassin qui peut contenir* 8^{hl}. $\dfrac{1}{4}$ *d'eau reçoit chaque heure* 75^{lt}. $\dfrac{3}{4}$ *par un premier robinet;* 86^{lt}. $\dfrac{2}{3}$ *par un deuxième, et perd* 64^{lt}. $\dfrac{4}{5}$ *par une troisième ouverture. On ouvre à la fois les trois robinets, et on demande au bout de combien de temps le bassin sera plein.*

Rép. 8^{h},24.

En 1^{h}, les 3 robinets étant ouverts, le bassin se trouve rempli de $\left(75^{lt}. \dfrac{3}{4} + 86^{lt}. \dfrac{2}{3} \right) - 64^{lt}. \dfrac{1}{5} = \left(75 \dfrac{45}{60} + 86 \dfrac{40}{60} \right) - 64, \dfrac{12}{60} = 162, \dfrac{25}{60} - 64 \dfrac{12}{60} = 98^{lt}. \dfrac{13}{60} = \dfrac{5893}{60}$ de litres.

Ce bassin contient 8^{hl}. $\dfrac{1}{4}$ ou 825 litres;

Pour le remplir, il faudra autant d'heures, les trois robinets coulant ensemble, que $\dfrac{5893}{60}$ sont contenus de fois dans 825 ou

825 : $\dfrac{5893}{60} = \dfrac{825 \times 60}{5893} = 8^{h}. \dfrac{40}{100} = 8^{h},24$ environ.

341. *Diviser* 321,45 *par* 6,347 *et expliquer.*

Voir Arithm. (n° 184).

342. *Cent francs dans 12 mois rapportent* 4^{fr},25 *d'intérêts. Quelle est la somme qui, dans 7 mois* $\dfrac{7}{8}$, *a rapporté* 2677^{fr},50?

Rép. 96002^{fr},15.

100^{fr} en 12 m.   ou $\dfrac{96}{8}$ de m. rapp. 4^{fr},25

100^{fr} en   — $\dfrac{1}{8}$ — $\dfrac{4,25}{96}$

100^{fr} en 7 m. $\dfrac{1}{8}$ ou $\dfrac{63}{8}$ — $\dfrac{4,25\times63}{96}=$2^{fr},789.

2^{fr},789 d'int. prov. de 100^{fr} de capital,

1^{fr} prov. de $\dfrac{100}{2,789}$

et 2677^{fr},50   —   de $\dfrac{100\times2677,50}{2,789}=$ 96002^{fr},15.

PROPOSÉS

DANS LES EXAMENS DU BREVET DE CAPACITÉ

I

La bonne institutrice fait la bonne école.

Qui dit instituteur dit éducateur ; conséquemment, pour être bonne institutrice, il faut : 1º posséder les connaissances suffisantes et savoir les transmettre ; 2º pouvoir maîtriser et diriger les volontés, former les caractères.

Il ne suffit pas de posséder ces qualités, il faut en faire continuellement l'application, c'est-à-dire qu'il faut être bonne, bonne surtout. Comment passer sa vie avec les enfants, si on ne les aime réellement ? Que de patience, que de persévérance ! Combien de fois répéter les mêmes conseils, les mêmes observations ! Une affection vraie et sincère pour les enfants est un signe de vocation. Il faut aussi de la fermeté ; si l'on n'est ferme, pas de discipline et partant pas de progrès possible. Et pour que cette bonté, cette patience, cette fermeté ne défaillent point, que de zèle, que de dévouement !

Il faut que l'institutrice possède toutes ces qualités ; qu'elle soit digne en toutes choses, et alors elle aura conquis l'estime, le respect, la confiance de ses élèves, et c'est précisément cette confiance des élèves en leur maîtresse qui fait la bonne école.

La bonne école n'est point celle où il n'y a rien à reprendre, personne à punir. Cette école n'existe pas. C'est celle où les élèves se plaisent bien et où les punitions sont rares ; c'est celle où, dans l'ordre matériel, les élèves sont exactes, où la discipline se maintient ; où tous les exercices se font avec ordre, régularité et ponctualité ; où la propreté est en honneur ; où les cahiers bien tenus font plaisir à voir.

Dans l'ordre intellectuel et moral, la bonne école n'est pas celle où il se trouve quelques élèves avancées ; mais bien celle où les connaissances qu'on enseigne sont le plus pratiques, où la force moyenne des élèves est le plus élevée. On se doit à chacune de ses élèves et non à quelques-unes. C'est celle encore où l'on a constamment pour but la culture des facultés intellectuelles et morales des élèves, où l'on s'efforce de ne leur inspirer que des sentiments qui leur feront honneur, où les enfants ne contractent que les meilleures habitudes.

Une telle école ne saurait exister sous la direction d'une maîtresse qui ne posséderait point les qualités énumérées plus haut. On ne trompe guère les élèves en ce point ; elles ne donnent leur confiance qu'à celle qui la mérite. Il est de toute nécessité

que l'institutrice soit ce qu'elle doit être, c'est-à-dire toujours ir-
réprochable dans toute sa conduite. Son exemple sera pour les
élèves la meilleure de toutes ses leçons, et pour elle-même une
garantie certaine de succès.

II

Richelieu.

Richelieu est né à Paris en 1585. A vingt-deux ans, il était
évêque de Luçon, « le plus pauvre des évêchés de France. » En
1614 député du clergé, aux États-Généraux, il s'y fait remarquer
par son éloquence. La Reine-Mère se l'attache en qualité d'aumônier. En 1616, il fait partie du ministère de Concini, lequel
trouve « qu'il en sait plus que tous les vieux barbons du conseil. » Il quitte le pouvoir, mais il sait se rendre nécessaire.

En 1623, il obtient le chapeau de Cardinal ; en 1624 la charge
de premier ministre; mais avant de rentrer au pouvoir, il pose
ses conditions.

A son avénement au ministère, les Protestants menaçaient de
se constituer en État indépendant ; la noblesse était aussi déso-
béissante que jamais, et les Puissances européennes faisaient
peu de cas de la France. Le grand ministre va modifier cet
état de choses.

Il s'attaque d'abord aux Protestants auxquels il reprend la
Rochelle (1628), et enlève tous leurs priviléges politiques par le
traité d'Alais : toutefois, il se garde de porter atteinte à leur li-
berté de conscience.

Richelieu se souvient de la conduite peu digne et des intrigues
de la noblesse pendant la régence, et il entend que tout le monde
respecte l'autorité du Roi. Malheur aux conspirateurs et à ceux
qui essayent de se soustraire à ses édits ! Il est d'une sévérité im-
pitoyable. Chalais, Bouteville et Chapelle, Montmorency, Cinq-
Mars et de Thou, d'autres encore, payent de leur tête ou d'un
emprisonnement à la Bastille, des fautes qui sans doute n'étaient
pas toujours des crimes. La Reine-Mère elle-même, vaincue à
la journée des Dupes (1630), est obligée de s'exiler ; et Gaston
d'Orléans, frère du roi, prince de peu de mérite, dont l'éducation fut faussée à dessein, nous disent les mémoires du temps,
est contraint de s'incliner devant lui !

Après Richelieu, il y aura encore la Fronde, qui ne fut qu'une
échauffourée ; il n'y aura plus de révolte sérieuse. La féodalité
est vaincue.

Il ne suffit pas à Richelieu de tout plier à la volonté de son
maître ou plutôt à la sienne : il lui faut des garanties pour l'a-
venir ; il crée les intendants qui portent une atteinte considérable
à l'influence des gouverneurs de provinces, et il abolit les grandes
charges.

9.

Reste à rendre à la France le rang et l'influence auxquels elle a droit. La voie est toute tracée : suivre la politique de François Ier et de Henri IV, affaiblir la trop puissante maison d'Autriche.

Par l'inspiration de Richelieu et à l'aide des subsides de la France, les Princes protestants, le Danemarck, la Suède, viennent successivement user leurs forces contre l'Empire et l'affaiblir d'autant. Le Père Joseph finit par obtenir le licenciement de l'armée impériale, et le renvoi de son meilleur général, Wallenstein. En 1632, après la mort du jeune héros Suédois, Gustave-Adolphe, la France bien préparée, intervient directement. Tout d'abord les succès sont balancés ; mais en mourant (1642) Richelieu laisse partout nos armées victorieuses.

Richelieu fut non-seulement grand politique, mais bon administrateur, orateur distingué et écrivain de talent. A La Rochelle, il s'était révélé ingénieur. Comme tous les grands génies, il avait plus d'une spécialité.

Il protégea les lettres et les arts. Il eut les écrivains en grande estime ; il pensionna les savants et les poètes, entre autres l'illustre Corneille, malgré la jalousie qu'il avait d'abord conçue contre lui. Il institua l'Académie Française en 1635 ; il reconstruisit la Sorbonne, où l'on montre son tombeau ; il créa le Jardin des Plantes pour l'instruction des étudiants en médecine, etc., etc. Tant de grandes choses furent accomplies en dix-huit ans. Et s'il est regrettable que Richelieu ait poussé trop loin ses répressions, s'il a été trop autoritaire, s'il a trop peu fait pour l'agriculture et pour l'instruction du peuple, s'il a trop aimé à ne voir en France que des soldats et des marchands, on ne doit point lui refuser la gloire d'avoir été l'un des plus grands ministres dont s'honore le pays.

III

Le Grand Condé.

Condé, né à Paris en 1621, intelligent, fier, brave jusqu'à la témérité, est le personnage le plus marquant de cette illustre famille qui a joué un si grand rôle dans les temps modernes. Ce fut un grand général, aimant surtout les batailles rangées, agissant d'inspiration, mais peu économe du sang de ses soldats. C'était là un bien grave défaut.

A vingt-deux ans, il commande en chef et remporte la brillante victoire de Rocroy ; puis, successivement, il gagne les batailles de Fribourg, Nordlingen, Lens, et, de concert avec Turenne, son rival de gloire, il hâte la conclusion du traité de Westphalie (1648).

Vient ensuite la Fronde. Il répond d'abord aux révoltés qui lui font des avances. « Je m'appelle Louis de Bourbon et ne veux point ébranler les couronnes », et quelque temps après, il passe aux Espagnols, alors nos ennemis, prétendant qu'on n'a pas su lui tenir compte de ses services. Mais quand il combat contre sa patrie, la fortune l'abandonne : il est vaincu à Bléneau, à Arras, aux Dunes.

Une clause spéciale du traité des Pyrénées (1659) établit qu'il va rentrer en possession de ses biens et en grâce à la Cour. Mais jamais Louis XIV n'oubliera sa conduite durant la Fronde, ni « qu'il a osé jeter les yeux sur le trône »; aussi son fils et son petit-fils useront-ils, dans l'inaction et les plaisirs de Versailles, les brillantes qualités dont ils étaient doués.

Cependant, en 1668, le Grand Condé paraît de nouveau à la tête d'une armée de 20,000 hommes et fait en trois semaines la conquête de la Franche-Comté. Lors de la guerre de Hollande (1672), il exerce un commandement dans les Pays-Bas, tient tête au prince d'Orange et le bat à Senef (1674). L'année suivante, il remplace Turenne qui vient d'être tué à Salzbach (1675, 27 juillet); à Saverne et à Haguenau, il chasse l'ennemi qui avait envahi l'Alsace. Ce fut là son dernier triomphe. Il se retire à Chantilly, où il passe le reste de sa vie en compagnie des philosophes et des grands poètes du XVIIe siècle.

Ce grand guerrier, qui était ému jusqu'aux larmes en entendant réciter les beaux vers de Corneille à la Comédie-Française, encourageait et honorait les hommes de lettres; il les admettait dans son intimité : c'était beaucoup, à cette époque, qu'un homme de son rang et de son caractère parût s'abaisser jusqu'à eux.

Ce prince avait bien aussi ses faiblesse. Dans la discussion, il était hautain et parfois peu convenable; car un jour Boileau « promit qu'à l'avenir, il sera toujours de l'avis de M. le Prince quand celui-ci aura tort. »

Ce grand homme de guerre mourut en 1686. Il chassa plusieurs fois l'ennemi qui avait envahi notre patrie : ce titre seul suffit pour nous faire respecter sa mémoire.

IV

Les Croisades.

Les croisades sont des expéditions religieuses et guerrières entreprises par les peuples d'Europe et surtout par les Français, aux XIe, XIIe et XIIIe siècles dans le but de chasser les Turcs de Jérusalem.

Le pèlerin Picard, Pierre l'Ermite, avait été témoin des outrages que les chrétiens subissaient sous le joug musulman. Aussi à son retour en France, se fait-il l'apôtre de la première croisade. Le pape Urbain II, également français, lui prête son appui. A l'appel du prélat, une foule innombrable de peuple accourt à Clermont en Auvergne. Les exhortations du souverain Pontife, les prédications de Pierre l'Ermite touchent profondément tous les assistants ; et bientôt, au cri de « Dieu le veut », chacun jure de prendre les armes et d'aller délivrer les *Saints-Lieux*. Ce cri est entendu dans toute la chrétienté, et plus d'un million d'hommes attachent sur leur poitrine une *croix* de drap rouge. C'était là le signe de ralliement de ces soldats improvisés : d'où leur vint le nom de *croisés*.

Le défaut d'organisation, le manque de discipline, l'ignorance de la route à parcourir, tout contribua à rendre ces expéditions lointaines désastreuses pour les croisés : la plupart périrent de misère avant d'avoir touché le sol de la terre qu'ils allaient conquérir. On compte huit principales croisades. C'est à la première que les croisés s'emparèrent de Jérusalem et fondèrent le royaume de ce nom. Mais, moins d'un siècle après, cet État, dont le premier souverain a été *Godefroy de Bouillon*, n'existait plus : de nouveau la ville sainte était tombée sous la puissance des musulmans. La mort de saint Louis termina l'ère des croisades (1270).

Mais si les chrétiens ne parvinrent pas à s'établir définitivement à Jérusalem, les croisades n'en furent pas moins fécondes en résultats au point de vue moral, politique et matériel.

Autrefois on se battait pour des terres, pour le pillage ; les croisés combattaient pour une croyance : c'était là un immense progrès.

Avant les croisades, les habitants d'un même pays se connaissaient peu, sympathisaient moins encore : sur la terre étrangère, loin du pays natal, les Français du nord et ceux du midi, unis par les mêmes principes, combattant pour la même cause, se sentirent enfants de la même patrie ; il y eut également plus d'intimité, de laisser-aller, entre le noble et le serf.

Les croisades imprimèrent à l'ardeur belliqueuse de la noblesse du moyen âge une autre direction, et les guerres privées, la plus grande calamité de l'époque, devinrent de plus en plus rares. Ce furent encore les croisades qui donnèrent naissance aux noms de familles, aux armoiries et aux ordres militaires composés de chevaliers qui furent à la fois des religieux et des soldats (l'ordre des *Hospitaliers*, l'ordre des *Templiers*, l'ordre *Teutonique*).

Ces expéditions furent aussi très avantageuses au point de vue commercial. La Palestine nous enverra des étoffes, des fleurs, des arbres fruitiers, des armes, etc. que nous ne connaissions pas. Les vaisseaux qui ont transporté les croisés dans ces pays lointains, y retourneront, mais cette fois chargés de marchandises. Le commerce maritime va se développer chaque jour.

D'un autre côté, tous les seigneurs qui prirent part à cette grande lutte, et dont bon nombre ne revinrent jamais, étaient obligés, avant de prendre la *croix*, de se procurer des armes, des armures, etc., de là, nécessité de vendre, aux uns, des chartes d'affranchissement, aux autres, des terres. Les vilains vont profiter d'autant. Le nombre de leurs maîtres va diminuer, ils commencent à être possesseurs du sol, ils vont s'ériger en corporations ; l'industrie et le commerce, ces deux sources de la fortune, vont prendre un grand essor entre leurs mains. Ces hommes enrichis par l'industrie et le commerce deviendront plus tard les députés du Tiers-Etat.

Enfin ces expéditions eurent une heureuse influence sur les lettres : elles nous valurent les deux grands chroniqueurs *Villehardouin* et *Joinville*, et plusieurs poètes de mérite inspirés par les récits, touchants et extraordinaires de ces guerres lointaines. C'est à cette époque que les *troubadours* et les *trouvères* commencent à chanter, au moins pour les barons et les chevaliers, « le doux pays de France. »

V

Résumé de la guerre de Cent ans.
Période de 1356 à 1380

Cette guerre qui affligea notre pays de 1337 à 1453, est, après les croisades, l'événement le plus important du moyen âge. Elle eut pour cause la jalousie et l'ambition des souverains des deux pays, conséquence des possessions Anglaises en France. Le rejet des prétentions d'Edouard III, par l'application de la loi salique (1328), fournit une occasion de rupture.

Jean le Bon a succédé, en 1350, à son père *Philippe de Valois*. Il dut le surnom de *Bon* à sa bravoure et plus encore à sa folle prodigalité envers ses courtisans. Il était violent, capricieux, ami passionné des plaisirs et des fêtes. D'aussi grands défauts devaient avoir les conséquences des plus funestes pour le pays.

En 1356, les Anglais s'avancent vers le centre de la France. Notre armée, sous les ordres du roi, rencontre l'armée ennemie à Poitiers, et là, comme à Crécy, nous éprouvons un désastre légendaire. Et pourtant nous avions pour nous le nombre, l'avantage de l'attaque et la bravoure indiscutable de notre chevalerie. Mais si nos guerriers se conduisaient en héros, nous n'avions pas un seul général ! point d'unité dans le commandement !

Chaque chevalier se fait un point d'honneur de donner le premier coup d'épée ; tous se portent au premier rang ; le désordre est complet.

Enfin notre armée est prise ou dispersée, le roi fait prisonnier, et les Anglais occupent la plus grande partie de la France. A Paris, la bourgeoisie, ayant à sa tête Etienne Marcel, prévôt des marchands, s'indigne de l'incurie du gouvernement royal et propose des réformes importantes. En 1357, il y a réunion des *Etats généraux*, et *la grande ordonnance* fit droit à leurs demandes.

D'autre part, dans l'été de 1358, les paysans, exaspérés par tous les maux que la guerre leur fait endurer, se soulèvent, et sous la conduite d'un des leurs, Guillaume Calle, ils se répandent de tous côtés, portant partout la dévastation et la mort ; les châteaux sont pillés et rasés ; les nobles sont égorgés, les femmes et les enfants ont le même sort. Mais ces bandes indisciplinées et mal armées succombèrent à leur tour sous les efforts des nobles réunis ; et les malheureux *Jacques* (c'est ainsi qu'on appelait ces paysans révoltés) furent massacrés sans pitié.

En 1360, traité de Brétigny. On cède l'ouest de la France aux Anglais. En 1364, avénement de Charles V. Ce prince, prudent et sage, a compris qu'il faut autre chose que de la bravoure pour gagner des batailles, et que la furie française sera longtemps encore un obstacle invincible à la victoire. D'un tempérament maladif, aimant peu la guerre, il s'adjoint un homme qui entre dans ses vues, le brave Duguesclin. Comme son roi, cet homme est supérieur à ceux de son temps. Il a fait son apprentissage du métier des armes pendant la guerre de Bretagne, autre épisode de la guerre de Cent ans. C'est le meilleur général que l'on puisse désirer. Il se propose trois buts qu'il atteint successivement.

Après les batailles de Cocherel et d'Auray, il fait cesser la guerre civile en France.

Il nous débarrasse des *Grandes compagnies* qu'il conduit en Espagne. Les *Grandes compagnies* étaient composées de gens de guerre sans emploi et sans solde. Elles formaient des bandes redoutables pillant et ravageant les pays qu'elles parcouraient.

Enfin, il chasse les Anglais. Instruit par nos désastres, il ne livrera point de batailles rangées : affamer l'ennemi, le harceler sans cesse, telle est la tactique qui lui réussit à merveille. En 1380, les Anglais sont repoussés de partout.

Duguesclin était aussi un homme de cœur et de grand bon sens. Avant de mourir il dit à ses soldats de ne jamais oublier « que les vieillards, les femmes, les enfants et les clercs, ne sont pas leurs ennemis et qu'ils leur doivent aide et protection. » Voilà de belles et sages paroles pour une telle époque. Charles V mourut la même année. Ce fut un second malheur, c'était un bon administrateur, et s'il eût vécu plus longtemps, il eût épargné de nouvelles calamités à notre patrie.

VI

Saint Vincent de Paul.

Saint Vincent de Paul naquit en 1576, au hameau de Pouy, près de Dax, dans le département des Landes. Sa famille était pauvre, et il garda d'abord les troupeaux. Mais Vincent de Paul était appelé à une mission bien plus élevée. Il reçut, dans son enfance, quelque instruction d'un prêtre, et, à douze ans, il étudia chez les Cordeliers ; plus tard, il trouva difficilement les ressources nécessaires pour suivre les cours de théologie, à Toulouse. Enfin il fut ordonné prêtre à vingt ans. Un jour qu'il allait par mer, de Marseille à Narbonne, il tomba entre les mains des pirates de Tunis qui le vendirent comme esclave. Il eut successivement trois maîtres qui se montrèrent très durs pour lui. Il convertit le dernier et revint en France. L'année suivante, dans un voyage à Rome, il reçut du Saint-Père une mission près de Henri IV. Arrivé à Paris, il s'occupa d'œuvres de charité. Il eut la charge d'aumônier de Marguerite de Valois, la cure de Clichy et enfin fut nommé aumônier général des galères.

Soulager toutes les infortunes, telle était sa passion. Cet homme, profondément vertueux, avait le génie de la charité ; il voulait non-seulement soulager toutes les misères, mais aussi les prévenir autant qu'il est possible.

Pour suffire à cette tâche, il crée l'admirable institution des Sœurs de Charité ; la congrégation des Prêtres de la Mission, destinée à former des ecclésiastiques dans les séminaires ; et, à tous, il sait communiquer le dévouement qui l'anime.

Une guerre, la Fronde, avait jeté le pays dans la plus affreuse misère. La disette était extrême. Saint Vincent, pour secourir tant de malheureux, n'a d'autres ressources que les aumônes qu'il va recueillir, et cependant il disposera de plusieurs millions ! Lui et ses missionnaires sont partout ; ils relèvent les morts sur les champs de bataille, soignent les blessés, distribuent d'abondantes aumônes aux populations ruinées et affamées.

Le dévouement de ce grand apôtre de la charité s'étend à tout. A cette époque, quantité d'enfants nouveau-nés étaient abandonnés dans la rue : Vincent de Paul les recueille et fonde l'hospice des Enfants-Trouvés. Qui n'a lu l'éloquente allocution qu'il adressa aux dames, dont le zèle momentanément ralenti, avait jusqu'alors soutenu cette nouvelle œuvre de charité !

Saint Vincent avait aussi toutes les vertus. Rien n'égalait son humilité, sa modestie. Des personnes, s'occupant de sa canonisation, interrogeaient un vieux forçat qui l'avait connu et qui ignorait sa mort ; « vous voulez canoniser M. Vincent, disait-il, c'est peine perdue, il n'y consentira jamais, il est trop modeste pour cela. »

Saint Vincent a sans doute droit à la plus pure renommée du XVIIe siècle ; son souvenir n'évoque en nous que des pensées d'amour et de respect. La postérité l'a surnommé l'intendant de la Providence. Ce beau titre de gloire, qui résume toute sa vie, est le plus grand que l'on puisse ambitionner.

VII

La Pomme de Terre

La pomme de terre est originaire de l'Amérique méridionale. E le fut introduite en Europe par les Espagnols. Cultivée en Italic, e, dans les pays du nord, elle fut mal reçue en France. Elle ne servit d'abord qu'à la nourriture du bétail. Entre autres préjugés, on prétendit qu'elle donnait la fièvre, voire même la lèpre! On la croyait d'autant plus nuisible, qu'elle appartient à une famille de plantes (les solanées) qui sont pour la plupart vénéneuses. On sait combien les innovations les plus utiles, les découvertes les plus précieuses ont de peine à vaincre la routine, fille de l'ignorance ou d'un sot orgueil. Ce fut seulement au siècle dernier que l'usage de la pomme de terre parvint à se répandre, grâce à la persévérante initiative d'un pharmacien distingué, Parmentier.

Parmentier avait suivi nos armées en Allemagne, en qualité de pharmacien militaire. Fait prisonnier, il avait été nourri avec la pomme de terre. De retour en France, sa plus grande préoccupation fut de doter son pays de cette précieuse ressource, dont il connaissait tous les avantages. Mais que d'efforts longs et constants n'a-t-il pas dû faire !

Il l'analyse chimiquement et prouve qu'elle est inoffensive; il en mange lui-même et en fait manger à ses amis ; mais le haut patronage même de Louis XVI est impuissant à vaincre la résistance. Parmentier ne se lasse point; le dévouement est ingénieux : il se souvient que rien ne charme comme le fruit défendu, il va utiliser ce travers de notre nature.

Il plante de pommes de terre un espace assez considérable qu'il clôt et fait ensuite surveiller ostensiblement, surtout à l'époque de la maturité. Inutile d'ajouter que les gardes ont pour consigne de fermer les yeux. Ce qu'il avait prévu arriva : on lui vola ses pommes de terre, c'était ce qu'il désirait.

Les efforts persévérants de Parmentier furent couronnés de succès. Encore ne fallut-il rien moins que la famine de 1793 et les guerres de la Révolution pour faire comprendre tout le profit qu'on pouvait tirer de ce précieux tubercule.

Tout le monde connaît aujourd'hui la pomme de terre; elle n'est pas seulement utile, elle est indispensable. Elle convient à tous les estomacs, se prépare de mille manières et paraît sur toutes les tables.

Parmentier a mieux servi son pays « que s'il lui eût valu dix victoires. » Il peut être compté au nombre des bienfaiteurs de l'humanité, on peut dire de lui qu'il a bien mérité de la patrie.

Respect et reconnaissance pour sa mémoire.

VIII

Louis XI.

A seize ans, Louis XI, impatient de régner, se révolte contre son père ; vaincu et pardonné, il s'exile dans son gouvernement du Dauphiné, d'où il intrigue ; à la veille d'être poursuivi, il se sauve chez son cousin le duc de Bourgogne, d'où il intrigue encore.

En 1463, Charles VII meurt, peut-être du chagrin que lui cause son fils ; il sait que ceux qui déplaisent au Dauphin ne vivent guère longtemps, et il redoute pour lui « un mauvais cas. »

Le nouveau roi met trop de précipitation dans ses réformes, il mécontente tout le monde. La noblesse, qui a conscience du danger qu'elle court, fait la Ligue du Bien public.

A Montlhéry, où l'on se bat, il n'y a ni vainqueurs ni vaincus ; mais Louis XI, que les événements ont rendu plus circonspect, traite ; il promet à tous, des terres, des gouvernements, des honneurs, de l'argent, mais ne donnera rien, ou presque rien à personne. Qu'est-il fait pour le Bien public ? Rien.

Le roi viole ses engagements, et Charles le Téméraire, le plus puissant, le plus redoutable de ses ennemis, se met, une seconde fois, à la tête de la révolte. Il s'établit entre ces deux princes une lutte à mort ; le Téméraire sera vaincu, mais vaincu par la diplomatie, non par les armes, Louis XI le sait. Le roi craint les batailles, non pas qu'il ne soit brave, mais parce qu'il sait qu'il y a tout bénéfice à vaincre par la ruse. Et pourtant, à Péronne, il a le dessous ; ce n'est que pour un temps, il se vengera de cet échec. Après avoir bu à Liège, le calice jusqu'à la lie, il rentre à Paris, où il médite de nouveaux projets, car il médite sans cesse.

La mort mystérieuse de Charles de Guyenne provoque une troisième prise d'armes. Le dévouement de Jeanne Hachette à Beauvais en est l'épisode le plus marquant. On sait comment Louis XI se débarrassa des Anglais, et de Charles en lui suscitant des révoltes sur le Rhin ou dans les Pays-Bas.

Notre rusé monarque a deviné les projets de son adversaire, lequel veut s'adjoindre la Lorraine et la Suisse et échanger sa couronne de duc contre celle de roi. Il n'est pas difficile de reconnaître sa main dans la querelle avec les Suisses. Charles subit les désastres de Granson et de Morat et trouve la mort devant Nancy (1477). Vite Louis XI s'empare de la Bourgogne, de la Franche-Comté et de l'Artois. Quelques années plus tard, son oncle René d'Anjou lui léguera le Maine, l'Anjou et la Provence. Il a acheté la Cerdagne et le Roussillon.

Il n'y a pas que le Téméraire qui éprouve les coups de Louis XI. Aucun des seigneurs qui le trahissent, et ils sont assez nombreux, ou qui refusent de se soumettre, ne trouve grâce devant lui : Jacques d'Armagnac, le connétable de Saint-Pol, et beaucoup d'autres périssent de mort violente.

Dans son intérieur, Louis XI était simple, d'un abord facile, insinuant ; aimant peu le luxe, il dépensait peu, si ce n'est dans l'intérêt de l'État ; il s'entoure de petites gens ; cependant, il sait s'attacher l'historien Comines, et s'en faire un serviteur habile et dévoué ; il flatte les bourgeois de sa bonne ville de Paris et n'est guère plus aimé pour cela. Il est soupçonneux, cruel, superstitieux et passe misérablement les dernières années de sa vie retiré dans son château de Plessis-les-Tours.

Louis XI est remarquable comme administrateur. Ce n'était pas un esprit routinier. Il s'associait sans hésitation aux idées de progrès. Il encourage l'imprimerie, protège le commerce et l'industrie ; il introduit le mûrier dans la Touraine ; il établit les postes. Ajoutons pourtant que cette utile institution était bien loin d'être ce qu'elle est aujourd'hui, et qu'il la créa exclusivement pour ses besoins personnels. Il eut l'idée de l'établissement d'un système uniforme de poids et de mesures, et d'un code de lois qu'il aurait substitué aux nombreuses coutumes de l'époque. C'étaient là de grandes et utiles réformes.

Louis XI fut mauvais fils, mauvais frère, fourbe, cruel ; comme homme il fait peu d'honneur à l'humanité ; et, cependant, si l'on tient compte des circonstances où il se trouvait et des grandes choses qu'il a accomplies, on est bien forcé de conclure, avec l'un de ses plus grands historiens que « tout compte fait, ce fut un grand roi. »

IX

Grandes assemblées nationales. Champs de Mars, de Mai,
États généraux.

Champ de Mars. — Sous la monarchie franque, chaque année, au commencement de la belle saison, c'est-à-dire au mois de mars, les guerriers francs se réunissaient en assemblée générale appelée Champ de Mars. On y discutait surtout pour déterminer la direction où l'on porterait la guerre et le pillage. Guerroyer et ravager était la principale occupation des peuples barbares de cette époque.

Champ de Mai. — Plus tard, sous Charlemagne, il y eut aussi des assemblées, mais bien différentes des premières. Elles se tenaient au mois de mai. Les Leudes, les évêques, les principaux personnages du temps y étaient convoqués. Charlemagne soumettait à cette assemblée les vœux émis par les populations de son vaste empire, et recueillis par les *Missi dominici*, ou encore d'autres projets de réforme qu'il avait élaborés lui-même. Après la discussion, il prenait les décisions qui lui semblaient les plus sages.

Telle est l'origine des *Capitulaires*.

Etats Généraux. — En 1302, Philippe-le-Bel imagina de s'appuyer sur la nation dans sa lutte avec Boniface VIII et il convoqua les États généraux.

Les Etats généraux étaient la réunion des députés des trois ordres de la nation : le clergé, la noblesse et le tiers état.

La noblesse et le clergé élisaient directement leurs députés. Pour le tiers état l'élection se faisait à deux degrés. Dans toutes les paroisses du royaume on annonçait au prône ou à son de trompe le jour des élections préparatoires. Chaque village nommait un ou deux délégués en raison de sa population. Ces délégués se rendaient au chef-lieu de bailliage. Là, on rédigeait en commun les cahiers de doléances. Comme son nom l'indique, ce mémoire contenait les demandes de réformes, les vœux, les aspirations du menu peuple. Ensuite cette assemblée dite primaire se séparait après avoir choisi dans son sein les députés aux États généraux.

Parmi les députés du tiers état, on voit surtout figurer des magistrats, des avocats, des médecins. Les députés du tiers, pendant la tenue des états, ne jouissaient pas, à beaucoup près, des mêmes prérogatives que ceux des ordres privilégiés. L'usage et les idées du temps y avaient introduit des coutumes que nous trouverions, pour le moins, humiliantes si elles se reproduisaient de nos jours. Ces états se tenaient le plus souvent dans une ville importante du centre de la France, afin que les députés des provinces éloignées n'eussent pas trop de chemin à faire.

Les cahiers de tous les bailliages, qui en général, témoignaient des mêmes besoins, étaient résumés en un seul qu'on présentait au roi. Avant la séparation, il était d'usage, que la Cour promît qu'il serait fait droit, dans la mesure du possible, aux demandes formulées ; mais malheureusement on se bornait trop souvent à de vaines promesses.

Il n'était pourtant pas inutile de présenter des cahiers de doléances. Les réformes demandées étant justes, en général, instruisaient le roi des besoins du peuple et indiquaient les améliorations à produire : aussi tôt ou tard y était-il fait droit, ou au moins en partie.

Bien souvent les Etats généraux n'eurent d'autre but que de parer à des nécessités financières, car ils votaient des impôts.

Il y eut aussi des assemblées de notables. Mais les membres qui les composaient étaient nommés directement par le roi, et non par toute la France. C'étaient des conseils extraordinaires et non des assemblées nationales.

Il ne faut pas non plus confondre les assemblées nationales avec les assemblées provinciales que l'on peut comparer mais de loin, à nos Conseils généraux actuels.

X

Histoire de la conquête d'Angleterre (1066).

Un roi d'Angleterre, Edouard le Confesseur, exilé momentanément de son pays, avait été très bien accueilli par les ducs de Normandie. De retour dans sa patrie il emmena avec lui beaucoup de Normands qu'il avait pris en amitié, et leur accorda des charges importantes. Guillaume, pendant une visite qu'il fit à Edouard, fut frappé de voir partout des Normands : à la tête des armées, dans les forteresses, dans les évêchés ; il en conclut bien vite qu'il lui serait très facile, l'occasion se présentant, de faire la conquête du pays, et d'échanger ainsi sa couronne de duc contre une couronne de roi. Le saxon Harold qui jouissait d'un grand crédit à la cour du roi anglais, fut envoyé auprès du duc de Normandie, pour réclamer des otages ; Guillaume accueillit Harold avec honneur, et un jour qu'ils chevauchaient ensemble le duc lui dit : « Quand Edouard et moi vivions comme deux frères, il m'a promis que s'il devenait roi d'Angleterre, il me ferait son héritier. Jurez-moi qu'à sa mort vous me donnerez tout votre concours. Harold, n'osant refuser, promit vaguement. Au moment de partir pour l'Angleterre, Harold dut, de nouveau jurer, en présence de la cour et sur deux petits reliquaires, d'accomplir la promesse qu'il avait faite au duc Guillaume. Après le serment on souleva les reliquaires ; ils reposaient sur une cuve remplie d'ossements de saints. Comment alors se parjurer ! Harold pâlit.

Cependant à la mort d'Edouard, Harold fut élu roi d'Angleterre. Guillaume lui rappela sa promesse ; mais il n'en tint aucun compte. Le duc de Normandie publia aussitôt son banc de guerre par toute la France, réunit soixante-mille aventuriers, s'embarqua avec eux à Saint-Valery-sur-Somme et aborda en Angleterre près d'Hasting.

En mettant le pied sur le sol anglais, Guillaume tomba : ceci est de mauvais augure dirent ceux qui l'accompagnaient. Vous vous trompez, répond vivement le duc, je prends possession de la terre qui m'a été promise. Cette repartie rendit courage à ses courtisans.

Harold, qui venait de repousser une invasion norvégienne, accourt en hâte avec son armée ; mais il est vaincu, et tué après avoir vaillamment combattu.

En une seule bataille Guillaume conquit l'Angleterre et y fonda une nouvelle aristocratie. Tous ceux qui l'avaient accompagné, reçurent en récompense, des terres, des châteaux. « Tel qui avait quitté la France simple roturier, devint seigneur en Angleterre. »

Nos mœurs féodales s'implantèrent dans ce pays, et longtemps notre langue en fut la langue officielle.

Mais la France paya bien cher cette conquête. Les ducs de Normandie, possesseurs de la couronne d'Angleterre, devinrent les plus redoutables ennemis de nos rois. Des luttes longues et sanglantes, une inimitié jalouse, à peine éteinte, entre les deux nations furent les fâcheuses conséquences de la conquête du duc Guillaume.

XI

Folie du Roi Charles VI et ses conséquences.

Quand Charles V mourut, le nouveau roi Charles VI n'avait que 13 ans, et ses oncles, les ducs de Bourgogne, de Berry et d'Anjou, administrèrent le royaume en attendant sa majorité. Comme ces princes étaient sans conscience, ils commettaient toutes sortes d'exactions, et on était alors bien malheureux. Vers l'âge de 20 ans, le jeune roi, sur le conseil d'un homme sensé (Pierre de Montaigu, cardinal de Laon), avait renvoyé ses oncles et fait appel aux Marmousets. On appelait ainsi les ministres que le feu roi avait choisis parmi la petite noblesse et la bourgeoisie, et qui s'étaient distingués par leurs qualités et leur bonne administration. Ses oncles, pour se venger, avaient engagé Pierre de Craon à assassiner le connétable de Clisson, président du Conseil des Marmousets. L'assassin se réfugia près du duc de Bretagne qui refusa de le livrer. Le jeune roi s'était promis de venger son ministre et avait déclaré la guerre. Le roi et sa suite traversait la forêt du Mans. Il faisait très chaud. Un homme, couvert de haillons s'élance de derrière un arbre, saisit la bride du cheval du roi en s'écriant : « Noble roi, ne chevauche pas plus loin, car tu es trahi » ; puis il disparut. Le roi devint pensif et continua sa route en silence. On arriva bientôt dans une plaine de sable ; le soleil était brûlant. Un des écuyers du roi, endormi sur son cheval, laissa tomber sa lance sur le casque d'un des officiers qui étaient devant lui. Le roi, en entendant ce cliquetis, sort subitement de sa torpeur, tire son épée, se jette sur sa suite et tue deux des officiers qui l'accompagnaient. On eut bien de la peine à s'emparer de sa personne. Le roi était fou et ne devait jamais recouvrer la raison ; il avait alors 24 ans. L'effet qu'avait produit l'apparition soudaine du mendiant, le passage sans transition de la forêt dans la plaine de sable, et plus encore la conduite peu régulière de ce jeune roi, qui aimait trop les plaisirs, avaient produit ce fatal dénouement.

Des calamités de toutes sortes, trente ans de misère, qu'aggravera encore la pernicieuse influence d'une reine indigne, Isabeau de Bavière, tels sont les conséquences de ce triste événement. Les Marmousets vont quitter le pouvoir, les oncles du roi vont revenir, et avec eux leurs exactions, leurs rapines et de nouveaux malheurs pour le peuple. Les princes se disputeront le pouvoir, et Jean-sans-Peur assassinera son cousin le duc d'Orléans; puis viendra la querelle des Armagnacs et des Bourguignons, une nouvelle invasion des Anglais, la révolte des Cabochiens, le meurtre du Pont de Montereau, le fameux traité de Troyes et enfin la mort du roi 1422.

XII

Utilité de l'enseignement de l'hygiène dans l'école primaire.

L'hygiène est une science qui a pour but la connaissance des préceptes qu'il faut observer pour assurer le développement régulier de nos organes et la conservation de notre santé. Elle ne sauve pas de toutes les maladies, mais souvent elle les éloigne; elle ne garantit point de la mort, mais souvent elle prolonge la vie.

L'institutrice enseignera-t-elle l'hygiène à ses élèves? Certainement, sinon elle manquerait gravement à son devoir. Elle doit à ses élèves non-seulement l'éducation intellectuelle et morale, mais encore l'éducation physique.

Fera-t-elle de cette science l'objet d'un cours suivi? Nullement. Cet enseignement, comme celui de la morale, par exemple, est de tous les instants. L'institutrice dispose de deux moyens pour en répandre les préceptes; l'exemple d'abord, ensuite les conseils, ou directions générales, qui se déduiront de la vie même de la classe, des accidents qui s'y produisent, etc. : conseils ou directions qui jamais n'empiéteront sur le domaine de la médecine.

L'école sera toujours propre, bien aérée, ses alentours bien assainis : voilà qui prouvera suffisamment aux élèves que leur institutrice attache une très grande importance à tout ce qui touche à la salubrité de la classe.

Les habitudes de propreté seront toujours et partout en honneur. Il ne sera pas difficile à l'institutrice de faire sentir à ses élèves, et avec à-propos, ce que doivent être l'habillement, la nourriture, et l'avantage de la sobriété en toutes choses.

En classe, les élèves seront bien assises, elles n'occuperont jamais une position gênante, n'appuieront pas leur poitrine contre la table : elles ne se serviront que de livres imprimés sur papier blanc et très lisibles. Si l'on songe aux conséquences fâcheuses qui peuvent résulter de la négligence en pareille matière, on comprendra que la question de mobilier scolaire ne doit pas être négligée, qu'elle est de première importance.

Ajoutons à ces conseils, la gymnastique en ce qu'elle a de pratique dans une école primaire de jeunes-filles, et l'indication des remèdes les plus élémentaires, en cas d'accidents, tels que brûlure, coupure, asphyxie, etc., et que, souvent il est urgent d'appliquer en attendant l'arrivée du médecin.

L'influence de l'hygiène est des plus avantageuse : elle s'étend non-seulement à l'individu, mais à sa famille. Cette influence ajoute au sentiment de notre dignité ; on s'estime davantage dès qu'on prend plus de soin de sa personne. L'hygiène est un signe d'élévation morale. Il est rare que cette science pénètre là où le vice, la misère et l'ignorance règnent en maîtres.

Plus un peuple est instruit, plus cet enseignement est en honneur. La statistique prouve que les départements où l'instruction est le moins répandue, sont ceux où, proportion gardée, la mortalité est le plus considérable.

Une science qui a pour le présent et pour l'avenir d'aussi heureuses conséquences mérite bien qu'on lui fasse une large place dans l'enseignement primaire.

XIII

Pourquoi faut-il s'appliquer à développer chez les enfants le raisonnement plutôt que la mémoire, et comment y parvenir ?

Raisonner c'est trouver, en se basant sur des vérités déjà connues, une vérité pratique que la faiblesse de notre esprit ne nous permet pas de saisir de prime abord. C'est encore tirer une conclusion de plusieurs jugements préalablement énoncés. Le raisonnement diffère du jugement en ce que le premier se déduit du second : il faut bien juger pour raisonner sûrement.

Le raisonnement est la faculté maîtresse ; nous devons l'appliquer à chacune de nos actions et chaque jour de notre vie. La maîtresse de maison doit raisonner, mais s'attacher à raisonner sainement, si elle veut coopérer à la prospérité de sa famille et à l'éducation de ses enfants. Le cultivateur, l'artisan raisonnent, lorsque la veille, ils règlent l'emploi de leur journée du lendemain. L'homme d'affaires raisonne pour mener à bien ses entreprises ; en un mot, toute prospérité est, en général, subordonnée au raisonnement.

Il n'en est pas de même de la mémoire ; c'est une précieuse faculté, sans doute, mais non indispensable : on peut y suppléer, et rien ne tient lieu de raisonnement. Aussi, un moraliste célèbre, La Bruyère, a dit, avec raison : « On s'accuse volontiers de manquer de mémoire mais non de jugement. »

Il y a deux espèces de raisonnements : le raisonnement inductif, quand on part de vérités particulières pour arriver à des vérités générales, et le raisonnement déductif quand on déduit une vérité particulière d'une vérité générale.

Le premier mode de raisonnement est celui qui convient le mieux aux enfants des écoles primaires. Les amener par une suite de questions, en s'appuyant sur des vérités connues, à trouver le principe qui fait l'objet de la leçon, est, je crois, la meilleure manière de les intéresser, de les stimuler et de leur montrer qu'ils peuvent prendre une très large part à leur propre instruction. Cette méthode dite aussi socratique, ou d'interrogations, est la plus lente d'abord, mais elle est la plus sûre.

A l'école primaire, on développe le raisonnement par l'enseignement en général.

Faire constater à des élèves que dans les bons auteurs, chaque verbe a toujours le complément qui lui convient, que de deux compléments d'un même verbe le plus court se place le premier, c'est apprendre à raisonner. C'est faire trouver aux élèves, à l'aide de la lecture, et par le raisonnement, une vérité grammaticale.

Les habituer à l'emploi du mot propre; leur faire trouver tous les faits qui ont dû se produire pour amener un dénouement quelconque; mettre à profit les accidents journaliers de la vie scolaire; amener les élèves à trouver jusqu'où nous conduirait un ensemble de mauvaises qualités, si elles n'étaient réprimées dès l'enfance; exercer les élèves à l'analyse grammaticale, à la critique littéraire d'une fable par exemple et comparer les faits qui y sont contenus à la morale déduite; faire juger des faits historiques, en faire chercher les conséquences; les leçons de choses, etc. : ce sont autant de moyens qu'on peut employer pour l'étude du raisonnement.

Enfin, il est dans le programme des écoles primaires un ensemble de matières qui se prêtent très bien au développement de cette précieuse faculté. C'est l'arithmétique, la géométrie, le dessin, toutes les sciences dont chaque vérité nouvelle se déduit de celles qui précèdent ou de principes établis et acceptés.

A l'école primaire, il n'est pas une matière qui ne puisse en même temps concourir au développement de toutes les autres et aussi du raisonnement.

XIV

Qu'entend-on par leçons de choses? A qui doivent-elles être faites? Quel parti peut-on en tirer pour le développement de l'esprit des enfants? N'y a-t-il pas moyen d'y intéresser la classe tout entière?

On appelle *Leçons de choses* des exercices d'intelligence appliqués à des objets usuels lorsqu'il s'agit de petits enfants, et, à toutes espèces de connaissances, quand il s'agit de grands élèves.

La leçon de choses, quand elle est bien faite, est celle qui plaît le mieux; parce qu'elle a toujours le mérite de l'à-propos, que rien ne l'impose, ne vient la réglementer; parce qu'elle n'exige de préparation que de la part de la maîtresse; qu'elle amène toujours du nouveau, et que la variété est infiniment agréable aux enfants. Toutes matières enseignées à l'école primaire donnant lieu à des leçons de choses, les élèves peuvent acquérir, à l'aide de ces leçons une foule de connaissances, même de ces connaissances qui ne sont point comprises dans les programmes et dont personne ne doit ignorer les notions les plus élémentaires.

Les leçons de choses conviennent à toutes les élèves de la classe : aux plus petites pour leur faire faire sans peine, sans dégoût, les premiers pas dans la voie de l'instruction ; aux plus grandes pour les conduire beaucoup plus loin, et avec la même facilité.

Dans beaucoup de familles, on ne s'occupe guère de l'instruction des enfants, avant leur entrée à l'école. Aussi la plupart ne savent-ils passe rendre compte des petits faits qui journellement s'accomplissent en leur présence, sous leurs yeux. D'autre part leur vocabulaire est extrêmement restreint, et les mots qu'ils prononcent ou qu'ils commencent à lire, si simples qu'ils nous paraissent, ne sont généralement pas compris par eux : c'est par les leçons de choses qu'il convient de combattre cette ignorance. Dans ce genre d'exercices, on cause beaucoup avec les enfants, et surtout on les fait causer, on les amène, par des questions préparées à l'avance, à trouver eux-mêmes la vérité qui fait l'objet de la leçon, on les met en demeure de poser aussi des questions ; on exerce leur jugement, leur raisonnement, toutes leurs facultés intellectuelles et morales.

Et de quoi faut-il entretenir les élèves ? des choses qui les entourent, qu'ils voient tous les jours et qu'ils ne connaissent point : de la manière de faire le pain, des ouvrages journaliers de la maison, etc.

Le pain, le vin, les vêtements, la maison, un objet du mobilier scolaire, un instrument agricole, un animal domestique, un fait d'actualité, une découverte, un objet d'antiquité, une notion de science, un fait quelconque, un développement historique, etc. sont autant de sujets d'entretiens pour leçons de choses. Et comme la meilleure manière de définir un objet pour les enfants, c'est de le leur montrer, de le leur faire toucher, un petit musée scolaire sera d'un grand secours. Ce musée très simple, aussi peu dispendieux que l'on voudra, contiendra, autant que possible, un échantillon de chacun des objets qui pourront donner lieu à une leçon de choses.

Il y a moyen d'intéresser toute la classe aux leçons de choses et même on doit le faire. Chaque leçon faite par une maîtresse habile, peut fournir matière à des questions très simples pour les petites filles ; d'un ordre plus relevé pour les plus avancées. D'ailleurs, les leçons de choses fournissent une excellente occasion de donner des leçons collectives, ce sont toujours les plus profitables.

XV

Une jeune institutrice soumet à sa directrice les moyens qu'elle compte prendre pour intéresser ses élèves à l'étude de l'histoire de France, et, pour leur rendre cette étude profitable à tous les points de vue, elle demande ses conseils.

MADAME,

Je viens soumettre à votre sage appréciation, les réflexions que j'ai faites, concernant l'enseignement de l'histoire de France dans les écoles primaires, et la méthode que je compte employer pour l'étude de cette importante matière.

Faut-il enseigner l'histoire de France à chacune des trois divisions de l'école primaire ?

Je le crois, mais la méthode employée, variera dans les procédés. Aux enfants du cours élémentaire, seulement les grands faits qui frappent, les personnages les plus connus; en un mot, le récit attrayant.

Ces narrations faites par la maîtresse, sous forme de causeries et répétées par les élèves, seront comme autant de jalons que, plus tard, celles-ci relieront entre eux, par l'étude des faits secondaires.

Aux élèves plus avancées: même marche, mais plus de détails.

Part que doivent prendre la maîtresse et l'élève dans cet enseignement.

Si la maîtresse ne prend pas une très grande part à l'étude de l'histoire, il est à craindre que ses élèves ne retirent que peu de profit de ses leçons. Les ouvrages que l'on met entre les mains des élèves, plutôt trop volumineux que pas assez, ne peuvent être et ne sont pour ainsi dire, que le squelette, la charpente de l'histoire ; c'est la maîtresse qui, par des détails variés, par l'anecdote vraie, par des lectures, des gravures bien choisies, passionnera les élèves pour cette partie importante de nos programmes.

L'élève doit, au début de la leçon, pouvoir réciter, de mémoire, tous les faits principaux qui en font l'objet, et exposer chacun d'eux avec quelques détails. De là l'emploi de deux sortes de mémoires : Mémoire du mot à mot, pour le récit chronologique des dates et des faits; mémoire d'approximation pour l'exposé des détails.

Il y a quelques années, les ouvrages sur l'histoire de France, à l'usage des écoles primaires, ne parlaient guère que des batailles et des rois de France. Chaque règne formait un chapitre. C'était l'histoire de nos rois, mais non celle de notre pays. Il me semble qu'il y a une espèce d'injustice à attribuer à nos souverains tout ce qui s'est fait de bien ou de mal sous leur règne : les conseillers qui les ont inspirés, et dont souvent on ne nous dit même pas le nom, n'ont-ils pas aussi leur part de gloire et de responsabilité?

En dehors de l'histoire de nos rois, il y a une autre histoire, très importante et très intéressante pour nous, c'est celle du peuple, de nos pères du moyen-âge.

Comment ont-ils vécu nos pères? Qu'on nous parle de leurs mœurs, de leurs occupations, de leurs joies, de leurs tristesses, de leurs souffrances, de leurs pensées et de leurs aspirations: qu'on nous dise quels étaient leurs habitations, leurs coutumes, leurs aliments; les calamités dont ils ont été les victimes ou les témoins; leurs qualités, leurs défauts; que l'on compare, sous tous les points de vue, leur existence à la nôtre. L'histoire doit, ce semble, comprendre chacun de ces détails.

Du programme approprié à chaque école primaire et de son application.

Sans doute, le même programme d'histoire peut être imposé à toutes nos écoles primaires, dans ce qu'il a d'essentiel, mais non dans ses détails. L'histoire qu'apprennent nos enfants du nord et de l'est de la France ne sera point du tout la même que celle qui sera apprise par les départements du midi, par exemple. Il y a des faits que les uns doivent connaître et que les autres peuvent ignorer.

Sans sortir de sa localité, de son département, on peut passer en revue, et avec fruit, les principales époques de notre histoire.

Y a-t-il dans le voisinage que vous habitez des monuments druidiques, des tronçons de voies romaines? a-t-on découvert des sépultures gallo-romaines? Allons les visiter avec les élèves, et, chemin faisant, disons-leur tout ce que nous savons concernant les Gaulois, les Romains et leurs mœurs; nos élèves auront acquis, ce jour là, des notions suffisantes et durables sur cette époque.

Il y a aussi des ruines de châteaux-forts, d'abbayes, de prieurés, un musée dans le voisinage; l'église d'une certaine antiquité, présente peut-être des parties architecturales remarquables, des tableaux, des inscriptions à déchiffrer; dans la commune, il se trouve une ou deux maisons bourgeoises du XVIᵉ siècle, peut-être encore quelques vieilles masures peu élevées, enfoncées dans le sol, aux fenêtres étroites et bardées de fer : c'était la demeure de nos pères; les archives de la mairie possèdent quelques vieilles chartes témoignant d'un fait d'histoire locale, que sais-je? Peut-être ne sommes-nous pas très éloignées d'un champ de bataille, d'un lieu illustré par un traité célèbre, par la naissance d'un artiste, d'un grand écrivain, d'un grand guerrier. Tout cela est à visiter et à expliquer au grand profit de toutes.

Si le pays ne possède plus quelques-uns de ces vieux héros, débris des guerres de la république et de l'empire, au moins le nom existe encore ; ils ont des descendants. Lisons à nos élèves les états de services de l'une de ces vieilles gloires du village, et la carte à la main, montrons-leur avec force détails, les champs de batailles qu'ils ont parcourus, celui où ils ont gagné l'épaulette peut-être ! Nos élèves n'oublieront jamais cette leçon d'histoire.

J'espère qu'à l'aide de ces procédés, il est possible de faire entrevoir à nos élèves d'écoles primaires, les principales époques de notre histoire. Cette manière de faire, à la portée de tous, a toujours le mérite de l'à-propos : elle me paraît être la meilleure et la plus attrayante pour inspirer aux enfants, outre les connaissances historiques proprement dites, l'amour de la famille, du village et de la patrie. Aimer les choses du passé, c'est pratiquer une des formes de la piété filiale.

Il ne manque plus, madame, pour faire application de cette méthode, que votre approbation et vos bons conseils.

Daignez, etc.

XVI

Lettre d'une directrice d'école à une de ses anciennes élèves qui lui a demandé des conseils sur la meilleure manière d'organiser une petite classe et d'exercer, en les intéressant, de tout jeunes enfants.

Vous êtes placée, dites-vous, à la tête d'une petite classe de vingt-cinq à trente petites filles âgées de cinq à huit ans. Pour une débutante vous estimez, et avec raison, votre tâche difficile et laborieuse. Vous me demandez des conseils en voici quelques-uns :

Avant tout, n'oubliez point que dans une petite classe, il faut: 1° rendre le séjour de l'école agréable : instruire en amusant ; 2° occuper constamment et utilement chacune de vos élèves. En un mot, vous devez à chacune de ces jeunes enfants l'éducation et l'instruction.

Habituez-les à prier, à obéir, à respecter, à se bien conduire, et à faire tout avec ordre, développez leurs facultés intellectuelles et morales.

Vous avez à leur apprendre les prières, la lecture, l'écriture, le calcul, le dessin, le chant ; les premiers éléments de notre langue et de toutes les connaissances que plus tard elles devront posséder ; vous devez les habituer à parler, à réfléchir, à trouver.

Voilà une tâche bien difficile, en effet, et en même temps bien importante ; car qui sait combien de personnes n'ont fait que des études médiocres, parce qu'elles avaient contracté des habitudes d'oisiveté sur les bancs de la petite classe ? Une enfant qui jusqu'à huit ans a été placée sous la direction d'une maîtresse habile, fera, c'est presque certain, une bonne élève. Qu'on la compare à une autre du même âge qui n'a eu qu'une mauvaise direction ou qui n'a jamais fréquenté la classe : il y a une distance énorme.

Comment pouvez-vous espérer d'atteindre le but que vous désirez ?

Faire deux divisions tout au plus, souvent une seule. Peu ou point de livres entre les mains de vos élèves : votre enseignement doit être surtout oral. Des leçons courtes et variées. De nombreux tableaux, il ne saurait trop y en avoir dans votre classe. Faire peu à la fois, répéter souvent, répéter sans cesse. De l'ensemble, de la régularité, de la vie dans tous les mouvements. Beaucoup de leçons de choses. Souvent de nouveaux procédés pour l'application de vos méthodes.

Je n'insiste pas sur les procédés que vous emploierez. La pratique et la réflexion feront plus et mieux que tout ce que je puis vous dire. Une bonne maîtresse en trouve chaque jour de nouveaux et pour chacune des matières qu'elle enseigne.

La lecture a bien ses difficultés ! Que de fois il faut revenir sur ses pas ! Adoptez une bonne méthode, étudiez-la modifiez-la et faites-en l'application. Vous avez vos tableaux noirs : ils servent pour l'enseignement. A l'aide du tableau noir, on fait même de la lecture ; on expose les premières règles de grammaire ; on apprend les éléments du calcul, l'écriture, le dessin. Dans quel but le dessin, direz-vous ? Avec le dessin, vous occuperez vos enfants, vous les amuserez, vous développerez chez elles la rectitude de la main, le goût de la symétrie, du beau. Elles dessineront des lettres, des chiffres, des lignes, des figures géométriques qu'elles nommeront ; les objets les plus simples qu'il leur plaira d'esquisser grossièrement.

Et puis les leçons de choses ; les causeries, les questions à l'aide du musée scolaire, à l'aide des images, pour l'histoire sainte, l'histoire de France, l'histoire naturelle ; les repas, les sorties en chantant, etc. viendront tour à tour semer la variété dans votre petite classe.

Donc, on peut, sans troubler une égalité, multiplier (égalité [5]) ou diviser (égalité [6]) chaque membre par la même quantité.

On pourrait presque dire que *toute la difficulté de l'algèbre élémentaire consiste à PARFAITEMENT comprendre ce qui précède*, car dès que l'élève en est arrivé là, il peut résoudre les premiers exercices d'algèbre (valeurs numériques des formules et des expressions algébriques), ainsi qu'un grand nombre de petits problèmes, sur l'addition, la soustraction, etc.

Par exemple, quelle est la jeune fille qui ne pourra pas, dès *la 1re leçon d'algèbre*, résoudre de petites questions telles que celles-ci (*Petit Cours d'Algèbre*) ?

1. *On a*

$$x = 5 + 2a.$$

Trouver la valeur de x, *pour* a = 3.

Il est facile de comprendre que si l'on remplace *a* par sa valeur, 3, il vient :

$$x = 5 + 2 \times 3 \text{ ou } x = 11.$$

4. *Trouver la valeur de* x *pour* a = 4 *et* b = 6, *dans le cas où l'on a*

$$x = \frac{ab}{a+b}.$$

Il est évident que si l'on remplace les lettres *a* et *b* par leur valeur respective, on trouve immédiatement

$$x = \frac{4 \times 6}{4+6} = \frac{24}{10} = 2,4.$$

30. *Une personne possède* a *fr., on lui donne en outre* 100 *fr., combien a-t-elle en tout ?*

Elle a en tout $a + 100$ fr., c'est évident.

33. *Quel sera l'âge d'une personne dans* x *années, si elle a aujourd'hui 23 ans ?*

Dans x années, cette personne aura évidemment

$$23 + x.$$

53. *Quel était l'âge d'une personne, il y a* x *années, sachant qu'aujourd'hui elle a 40 ans ?*

Il y a x années, cette personne avait évidemment

$$40 - x.$$

Ces petites questions, résolues sans difficulté, exciteront les élèves à en aborder de plus difficiles et leur donneront du goût pour une science qui, au début, leur paraissait tout à fait incompréhensible.

Ainsi donc, pour obtenir de grands résultats, et en peu de temps, il suffit simplement, pour la maîtresse, de savoir approprier la leçon à l'âge et aux dispositions de ses élèves. En conséquence, il faut, pour la partie pratique, choisir les questions les plus simples (valeurs numériques des formules et des expressions algébriques, problèmes sur l'addition, la soustraction, etc.) ; pour la partie théorique, ne point s'occuper des démonstrations, aux premières lectures de l'ouvrage, voir seulement l'indispensable et le plus facile : les notions préliminaires, quelques mots sur l'addition, la soustraction et la multiplication (il suffit de connaître la pratique de ces opérations), puis passer immédiatement au chapitre VIII et aux exercices qui s'y rapportent.

Nous avons l'expérience pour nous. Toute maîtresse qui voudra bien suivre nos observations de point en point, obtiendra des résultats qui dépasseront certainement de beaucoup ses espérances.

Il convient d'agir de même pour l'étude de l'arithmétique et de la géométrie : pour la partie pratique, choisir d'abord les exercices les plus simples ; pour la partie théorique, ne point s'attarder sur ce que l'on ne comprend pas à une première lecture ; il faut passer outre, la difficulté sera vaincue sans peine, à une 2ᵉ ou à une 3ᵉ lecture.

La jeune personne puisera dans le *Petit Cours* que nous publions une foule de connaissances qu'elle aurait, sans doute, toujours ignorées ; en outre, elle sera préparée à étudier avec beaucoup de succès la théorie mathématique (arithmétique, notions de géométrie, etc.) qu'il lui est nécessaire de connaître, soit pour l'obtention de son brevet, soit pour entrer dans diverses carrières. Combien, d'ailleurs, de questions qui, bien que très simples, ne peuvent être résolues que par le secours de l'algèbre !

A NOS LECTRICES

Problème. — *Un maître d'hôtel achète 100 pièces de gibier pour 100 fr. : des lièvres à 5 fr., des cailles à 0,40 et des alouettes à 0,05. Combien a-t-il de pièces de chaque espèce ?* (Voir la solution développée dans notre *Petit Cours d'Algèbre*, p. 130).

Éléments d'Arithmétique (nᵒ 3), à l'usage de *toutes les institutions*, contenant un très grand nombre de questions usuelles résolues et à résoudre, 5ᵉ *édition*, 1 vol. in-8, broché . . . . . . 3 fr.

Cet excellent ouvrage, que nous recommandons d'une manière spéciale à toutes nos lectrices, est adopté dans un très grand nombre d'*Institutions de Demoiselles*, et suivi, avec beaucoup de succès, par les jeunes personnes, qui se préparent au brevet de capacité.

Exercices d'Arithmétique (*Problèmes et Théorèmes*), ou énoncés et solutions développées des questions proposées dans le *Nouveau Cours d'Arithmétique* (nᵒ 4) et dans les *Éléments* (nᵒ 3), 3ᵉ *édition*, 1 beau volume in-8, broché . . . . 5 fr.

Toutes les notions aussi utiles qu'instructives renfermées dans cet ouvrage, ainsi que les nombreuses notes qu'il renferme, en font *un livre à part*.

Voici deux autres ouvrages de M. PH. ANDRÉ qui se recommandent également par le succès toujours croissant qu'ils obtiennent dans toutes les *Institutions*.

Trésor de la Jeunesse (2ᵉ *degré*). Ou nouveau recueil de morceaux choisis en vers et en prose, avec des Notices biographiques, historiques, géographiques et littéraires, à l'usage de toutes les maisons d'éducation, 8ᵉ *édition*, 1 charmant vol. grand in-18 de 400 pages, cart. 1 fr. 20

Trésor de la Jeunesse (1ᵉʳ *degré*). Ou nouveau recueil de morceaux choisis en vers et en prose, avec des Notices biographiques, historiques, géographiques et littéraires, à l'usage des classes élémentaires, 8ᵉ *édition*, 1 volume in-18 de 200 pages, cart. . . . . . 75 c.

Imprimerie A. DERENNE, Mayenne. — Paris, boulevard Saint-Michel, 52.